U0303568

绣罗衣裳照暮春
——古代服饰与时尚

黄强 著

商务印书馆
The Commercial Press

2020年·北京

图书在版编目(CIP)数据

绣罗衣裳照暮春:古代服饰与时尚/黄强著.—北京:
商务印书馆,2020
ISBN 978 - 7 - 100 - 18111 - 2

Ⅰ.①绣… Ⅱ.①黄… Ⅲ.①服饰文化—研究—
中国—古代　Ⅳ.①TS941.742.2

中国版本图书馆 CIP 数据核字(2020)第 022896 号

绣罗衣裳照暮春
——古代服饰与时尚

黄强　著

商 务 印 书 馆 出 版
(北京王府井大街 36 号　邮政编码 100710)
商 务 印 书 馆 发 行
北京市十月印刷有限公司印刷
ISBN 978 - 7 - 100 - 18111 - 2

2020 年 7 月第 1 版　　　　开本 880×1230　1/32
2020 年 7 月北京第 1 次印刷　印张 10¼
定价:49.00 元

目录

自序 / 1

第一章
新娘的梦想——凤冠与霞帔成为新娘标配 / 1
　　一、结婚新娘披霞帔戴凤冠 / 2
　　二、凤冠是古代妇女的礼冠 / 3
　　三、命妇的凤冠 / 8
　　四、霞帔名称的由来 / 10
　　五、霞帔成为宋代命妇礼服 / 12
　　六、民间的凤冠与霞帔 / 15

第二章
汉官威仪——服饰与礼仪 / 19
　　一、黄帝垂衣裳而治天下 / 20
　　二、衣裳制度形成 / 22
　　三、十二章纹的含义 / 24
　　四、叔孙通制定汉代礼仪 / 27

第三章
"身"藏不露——深衣曲裾与襜褕 / 35
　　一、深衣之意，"身"藏不露 / 36
　　二、深衣的使用 / 39
　　三、深衣演变为曲裾直裾（襜褕） / 41
　　四、深衣的影响 / 45

第四章

褒衣博带——魏晋风度与服饰 / 47

一、褒衣博带成时尚 / 48

二、衣服长短随时易 / 51

三、北方裤褶成为时尚之服 / 55

四、男人以穿女服为时尚 / 59

五、北魏孝文帝服饰改革 / 61

第五章

镜前新梳倭堕髻——魏晋南北朝的时尚发型 / 63

一、妇女发式多种多样 / 64

二、高髻流行遍及民间 / 69

三、步摇名称及其形制 / 72

四、男子的发式 / 75

第六章

江州司马青衫湿——隋唐品色制度 / 77

一、百官服色阶官之品 / 78

二、借服与借色 / 82

三、品官服制维持到明清 / 85

第七章

红裙妒杀石榴花——唐代的女裙 / 89

一、唐代女裙色彩丰富 / 91

二、唐代女裙长且肥 / 94

三、唐代女裙品类繁多 / 96

四、唐代女裙的美学价值 / 100

第八章
薄罗衫子透肌肤——唐代的透视装 / 103
　　一、唐代流行透视装 / 104
　　二、绮罗纤缕见肌肤 / 107
　　三、透视装传递健康之美 / 109

第九章
女为胡妇学胡装——唐代胡服的盛行 / 113
　　一、唐代的胡化与胡舞之盛行 / 114
　　二、胡服的特点 / 117
　　三、胡服的种类 / 121
　　四、胡帽帷帽及羃羅 / 124
　　五、胡服多色彩 / 128
　　六、胡服对中国衣冠的影响 / 129

第十章
绣罗裙上双鸳带——宋代的女裙 / 133
　　一、宋代妇女一般的服饰 / 134
　　二、宋代裙子以长曳地居多 / 136
　　三、裙子的种类与形制 / 138
　　四、旋裙由民间而及宫廷 / 140
　　五、女裙色彩依然鲜艳 / 142
　　六、束裙的方法 / 145
　　七、宋代服饰禁锢中的宽松 / 147

第十一章
一抹香艳一丝凉意——宋代出土的内衣 / 149
　　一、襦裙外穿露出一抹乳沟 / 150
　　二、一件背心半两重 / 152

三、开裆裤透凉 / 153

四、抹胸香艳有凉意 / 155

第十二章

衣冠简朴古风存——宋代平民服饰 / 157

一、宋代服饰简朴之风 / 158

二、服饰各有本色 / 160

三、男女通穿背子 / 164

四、商业繁华催生行业服 / 165

五、风尚清雅罗轻盈 / 166

第十三章

厨师等级始于高冠——宋代高峨厨师帽 / 169

一、帽子高低代表职位、手艺 / 170

二、高冠的历史渊源 / 171

三、宋代厨娘戴元宝冠 / 172

第十四章

暖风轻袅鹦鸡翎——元代的姑姑冠 / 177

一、高峨姑姑冠 / 178

二、饰物分等级 / 179

三、姑姑冠的前世今生 / 181

第十五章

掩不住的风情——背子与比甲 / 185

一、何谓背子 / 187

二、穿背子的人群 / 191

三、男女穿背子的区别 / 193

四、比甲及其形制 / 197

五、时代的宠物，掩饰不住的风情 / 198

第十六章
龙袍穿在身，其实不舒服——龙与龙纹及龙袍 / 201
　　一、唐代以后的黄色成为皇帝皇室专用色 / 203
　　二、龙袍图案以"正龙"为最尊 / 205
　　三、龙袍的图案与规定 / 210
　　四、龙袍威严，穿着却并不舒服 / 214

第十七章
蟒纹类龙纹，蟒袍非龙袍——赐服的显贵 / 219
　　一、臣子直呼皇帝姓名要不得 / 220
　　二、蟒纹类龙纹，蟒袍非龙袍 / 221
　　三、影视剧大多用错蟒纹 / 225
　　四、赐服尚有飞鱼、斗牛纹 / 229
　　五、麒麟服并非常规服饰 / 233

第十八章
锦绣补子乌纱帽——明代的官服 / 239
　　一、补服的出现 / 240
　　二、明代补服的等级差别 / 242
　　三、官职的象征乌纱帽 / 246

第十九章
美丽挡不住——明代的鬏髻 / 249
　　一、明中叶流行高髻 / 250
　　二、鬏髻质地反映家庭经济背景 / 252
　　三、鬏髻是假发还是假发套子 / 254
　　四、鬏髻彰显女性身份 / 256

五、鬓髻显风流 / 257

第二十章
白衣卿相无艳色——明代士人与平民服饰 / 259

一、生员服饰 / 260

二、儒生士子服饰 / 262

三、网巾、四方平定巾与六合一统帽 / 267

四、平民服饰 / 271

第二十一章
中国丝织的活化石——灿若云霞的云锦 / 273

一、云锦历史很辉煌 / 274

二、云锦何以珍贵 / 278

三、云锦的工艺特色 / 280

四、云锦的品种 / 284

五、《红楼梦》中的云锦 / 286

第二十二章
补子花翎显官威——清代官服与黄马褂 / 291

一、清代补服制度 / 292

二、顶戴花翎 / 296

三、赐服蟒袍与黄马褂 / 300

参考文献 / 306
后记 / 313

自序

　　"三月三日天气新，长安水边多丽人。态浓意远淑且真，肌理细腻骨肉匀。绣罗衣裳照暮春，蹙金孔雀银麒麟。头上何所有，翠微盍叶垂鬓唇。背后何所见，珠压腰衱稳称身。"这是怎样的一幅长安美景图？春暖花开，阳光明媚，慵懒的贵族女子，涂脂抹粉，衣着光鲜，在长安曲江河畔，搔首弄姿，风姿无限，可谓景美、人美、霓裳美。

　　大诗人杜甫在唐天宝十二载（753），看到了权势熏天的杨国忠、虢国夫人、秦国夫人兄妹们春游的情景，感受到杨氏兄妹的奢华生活，写下了著名的《丽人行》。诗人不无讥讽之意，杨氏兄妹丽人行，游春图，在于他们的得宠，他们的骄奢淫逸。讥讽之余，诗中也客观描写了杨氏兄妹服饰的奢华、精美。

　　精致、奢华的服饰总是与时尚联系在一起。"云想衣裳花想容，春风拂槛露华浓。"李白写下《清平调词》三章时，就将时装与时尚定格在一起，成为后世欣赏美人、美颜、美服、美景的样板，"借问汉宫谁得似？可怜飞燕倚新妆"。

　　从上阳白发宫女"小头鞋履窄衣裳，青黛点眉眉细长"的穿着，到"乌膏注唇唇似泥，双眉画作八字低。妍媸黑白失本态，妆成尽似含悲啼。圆鬟无鬓堆髻样，斜红不晕赭面状"的时世妆，再到"江州司马青衫湿"被贬官员的经历，白居易用服饰、妆容勾画了盛唐的时尚流变，以时尚记录历史，用服饰折射时尚。

唐代的服饰开放，性感，"慢束罗裙半露胸"，"粉胸半掩疑晴雪"，但是宋代服饰也不都是保守、收敛的，北宋时期的服饰仍然沿袭唐风，也有开放的服饰。"轻衫罩体香罗碧"就是这一风尚的写照。"碧染罗裙湘水浅""草色连天绿似裙"的裙子美丽动人，"龙脑浓熏小绣襦"的绣襦风情艳丽，同样出自宋代，读到这样的诗句，让我们对于大宋服饰及其文化又有了一种新的了解。

最为任性、乐观的是东坡居士，"竹杖芒鞋轻胜马，谁怕？一蓑烟雨任平生"。披一身烟雨，蓄一身诗意，写一段潇洒，"一蓑烟雨任平生"道出了东坡居士任风雨的超然情怀。"老夫聊发少年狂，左牵黄，右擎苍，锦帽貂裘，千骑卷平冈。"头戴华美的帽子，身穿貂皮做的衣服，千骑人马席卷平展的山冈。究竟是为性情而"发狂"？还是因为时尚诱发了"任性"？或者两者兼而有之。

受宋明理学的影响，明清以降服饰趋向收敛、保守，但是"春色满园关不住，一枝红杏出墙来"，爱美之心人皆有之，时尚潮流仍然在涌动，"六幅红裙脚不袜""溪边整葛巾"是服饰之美，同样掩饰不住人们追求时尚的萌动。"黄金小纽茜衫温，袖摺犹存举案痕"，收敛的服饰依然存在时尚元素，时尚情怀，有艳色，也有温度。

清代满人服饰来自白山黑水间，披肩领、马蹄袖是满人的风尚。清代虽曾遭遇"剃发留头"的血腥，汉族服饰依然存在于天地之间。旗袍由满人之袍演变成中华旗袍，则是满人服饰对中华服饰的贡献。厚重的对襟衫掩盖了身体曲线，却掩饰不了人们内心对时尚的向往。"小院新凉，晚来顿觉罗衫薄"只是说天气新凉？"欲问江梅瘦几分，只看愁损翠罗裙"单是讲野梅之清癯？纳兰词何尝不是借服饰描写来抒发情感？时尚的元素与感情的情愫，融汇在一起，情景交融。"漫惹炉烟双袖紫，空将酒晕一衫青。人间何处问多情？"

"衣以章身"，以物传情，说衣裳可以彰显人的内在品质，传递审美情趣，并非虚言。李渔说："孰知衣衫之附于人身，亦犹人身之附于其地。人与地习，久始相安，以极奢极美之服，而骤加俭朴之躯，则衣衫亦类生人，常有不服水土之患。宽者似窄，短者疑长，手欲出而袖使之藏，项宜伸而领为之曲，物不随人指使，遂如桎梏其身。"（《闲情偶寄·声容部》）

时尚是流动的，它是变化中的风景；时尚与服饰、妆容是相连的，随影相伴。欣赏古代服饰，其实就是了解时尚的演进，服饰的流变。服饰与时尚，给我们带来了美感，让我们感受到生活的多姿多彩。

黄强（不息）

戊戌年

秋风叩白门，闲适冶山下

第一章　新娘的梦想

——凤冠与霞帔成为新娘标配

在中国古代，婚礼是一种结婚的礼俗，展示多姿多彩的民俗风情；婚礼也是时尚展示的舞台，各种流行新品、时尚物什，展示在人们眼前，争面子抬身价；婚礼还是婚姻双方家庭实力、经济状况、社会地位的表现。婚姻体现出父母之命媒妁之言的传统礼俗，也是家庭与家族、家族与社会沟通的一次契机。通过婚姻，新人得到家族的接纳、认可；通过婚姻，确定新人的家庭、家族地位。结了婚，表示新郎长大成人，可以独立门户，可以肩挑家族的责任。与其说婚姻是男女双方的结合，不如说婚姻是男方与女方家族的联姻。至于利益婚姻、政治婚姻在中国历史上更是屡见不鲜。

一、结婚新娘披霞帔戴凤冠

生老病死是自然规律，也是人的一生所经历的大事。其中有一些重要的礼仪，婚礼就是十分重要的一个。对于男性来说，二十岁的冠礼表明他由孩童走向成人，婚礼则表明他由成人走向独立，迈向成熟，成为可以顶天立地的男人。

结婚是喜庆之事，人生大事，不仅要热闹、红火，而且要吉祥、风光。在中国古代色彩崇尚中红色象征着喜庆、热烈，因此在中国婚礼中，红色是必不可少的角色，而且是主色调，是最重要的色彩。大红喜字、大红灯笼、大红盖头、大红花轿、大红服饰、大红嫁妆，几乎所有的东西都要与红搭上，红色即是红红火火，喜庆洋洋。一对新人，也是一对喜气洋洋的红人。红喜帖、大红包，传递的是喜气，带来的是喜悦。

按照民俗，结婚要穿喜庆的婚礼服饰，新娘非"红"不可，红袄裙、红鞋子、红手帕等，在红色的服饰上绣上吉祥图案，缀上金线装饰。

在民俗婚礼中，除了穿红披红，新娘的婚礼之服中还有一种特殊的服饰，就是霞帔、凤冠。凤冠、霞帔乃是新娘婚礼程序中必需的服饰，非常重要。在中国古代服饰体系中，确实有凤冠、霞帔的存在，但是一直是后妃所用，至少也要有品秩官员的太太才有资格穿戴，哪里轮到普通百姓？但是生活中的老百姓在当新娘时，也确实有戴凤冠、穿霞帔的事实存在。与后妃、命妇重大庆典穿霞帔、戴凤冠不同的是，平头百姓除了婚礼中新娘可以穿霞帔、戴凤冠，但是在社会礼仪活动中并没有戴凤冠、穿霞帔的资格。这又究竟是怎么回事？凤冠、霞帔究竟是怎样的一种服饰？是因人而选择不同的服饰？是因服饰而彰显不同的身份？

图 1-1 宋代皇后戴凤冠（南薰殿旧藏《历代皇后像》）
宋代皇后戴龙凤珠翠冠，穿祎衣。冠以竹丝为框，绢罗为表，上饰珠翟翠花。

二、凤冠是古代妇女的礼冠

凤冠也好，霞帔也罢，是中国古代女性的服饰，但并不是普通女性的服饰，而具有很强的专属性。它也不是婚礼中女性的吉服。

凤冠，亦称凤子冠，是中国古代妇女的礼冠，因为冠上缀有凤凰，故名。根据《中国衣冠服饰大辞典》的介绍："以凤凰饰首的凤冠，早在汉代已经形成，汉制太皇太后、皇太后、皇后大庙行礼，头上首饰即有凤凰。其制历代多有变革，至宋代被正式定为礼服，并列入冠服制度[①]。"清代徐珂《清稗类钞》记载："凤冠为古时妇人至尊贵之首饰，汉代惟太皇太后、皇太后入庙之首服，装饰以凤，其后代有沿革，或九龙四凤，或九翚四凤，皆后妃之服[②]。"

凤冠是女子冠帽中最贵重的礼冠，重大场合必须戴凤冠，北宋后妃在受册、朝谒景灵宫等隆重场合，俱要戴凤冠。对于凤冠的形制，《宋史·舆服志三》记载："妃首饰花九株，小花同，并两博鬓，冠饰以九翚、四凤。[③]"之所以在有着尊贵显赫地位的皇太后、皇后的冠上饰以凤凰形状，在于古代凤凰所代表的独特含义。皇帝被尊为龙，所有的图案均以龙为尊，皇帝就是天上真龙天子下凡，龙成为皇帝、皇权、皇族的象征。与之对应的是凤，龙与凤分别代表着皇帝、皇后。因此，到了南宋时期，凤冠的形制

图 1-2　宋代金冠顶部
安徽安庆棋盘山宋墓出土。长 12.5 厘米，高 55 厘米。以金片制成，造型如同开启的河蚌，呈椭圆形，底部有一圆洞，两头各有一穿孔。冠上饰有缠枝花纹。

① 周汛、高春明：《中国衣冠服饰大辞典》，第 55 页，上海辞书出版社，1996 年。
② 〔清〕徐珂：《清稗类钞》，第 6196 页，中华书局，2017 年。
③ 〔元〕脱脱等撰：《宋史》点校本，第 3535 页，中华书局，2017 年。

也有所变化，在凤形之上，又加了龙形，称为"龙凤花钗冠"。

孙机先生认为：自中、晚唐以来，妇女戴冠的日益多见。五代时有"碧罗冠子""鹿胎冠子"等名称。宋代此风尤盛[①]。清代宫廷南薰殿藏宋代原画《宋真宗章懿李皇后像》戴的冠子特别高大，装饰繁复，冠上饰有多条龙、凤，大体上可以称之为"龙凤珠翠冠"。李皇后的凤冠与明代十三陵定陵出土的皇后凤冠有相似之处。

明代服饰等级制度趋向严格，服饰进入程式化、系统化阶段。《明史·舆服志二》记载："皇后冠服，洪武三年定，受册、

图 1-3　明代嵌珠宝金凤冠（定陵博物馆藏）
1957 年北京明十三陵定陵出土。冠以竹丝为骨，蒙以罗纱，缀以金凤与珠花，金凤以金丝、翠羽制成。冠正中龙口，含有一颗宝珠，冠之两侧垂以珠串。

---

① 杨泓、孙机：《寻常的精致——文物与古代生活》，第 40 页，辽宁教育出版社，1996 年。

谒庙、朝会，服礼服。其冠，圆匡冒以翡翠，上饰九龙四凤，大花十二树，小花数如之。两博鬓，十二钿。……永乐三年定制，其冠饰翠龙九，金凤四，中一龙衔大珠一，上有翠盖，下垂珠结，余皆口衔珠滴，珠翠云四十片，大珠花、小珠花如旧。三博鬓，饰以金龙、翠云，皆垂珠滴①。"明代皇后的凤冠，不仅有史籍记录，也有实物证据。1956年北京十三陵发掘明代万历皇帝定陵，出土了一批服饰实物，其中就有孝靖皇后所用的凤冠。这顶凤冠的形制："以竹丝为骨，编为圆框，框内外各糊一层罗纱，然后在外表缀以金丝、翠羽做成的龙凤，周围镶嵌各式珠花。在冠顶正中的龙口，还衔有一颗宝珠，左右二龙及所有凤嘴均衔下一挂珠串②。"

在十三陵定陵出土的十二龙九凤冠与宋真宗李皇后凤冠有相似之处。宋代李皇后的凤冠，正面是绿色，其形制在团冠的基础上发展而来。李皇后凤冠的左右两侧设有六脚，代表着宋代的最高规格。冠上有龙，有跨凤的西王母以及仙人。定陵出土的明代凤冠，铺翠羽，缀珠花，用金丝结成龙凤。凤冠两侧有三枚冠脚，不见仙人。李皇后凤冠在冠脚上垂以小珠滴，定陵凤冠则施以大量珠饰③。

龙形图案、龙袍、龙榻、龙床等包含龙名称、形状在内的物品、名称，均属于皇帝、皇室的专属品，他人不得使用。关于皇帝服饰的龙形图案的专属性，笔者在《说龙袍》《说蟒服》文章中有过论述，如龙爪，用于皇帝服饰上五爪的称之为龙，

---

① 〔清〕张廷玉等撰：《明史》点校本，第1621页，中华书局，2016年。

② 周汛、高春明：《中国衣冠服饰大辞典》，第55页，上海辞书出版社，1996年。

③ 杨泓、孙机：《寻常的精致——文物与古代生活》，第40—41页，辽宁教育出版社，1996年。

图1-4 清代戴夏朝冠的皇后

清代后妃所戴凤冠仍然饰有凤凰，但是名称上不称凤冠，而称朝冠。《清会典图·冠服二》对皇后、嫔妃的朝冠有规定，"皇后冬朝冠，薰貂为之，上缀朱纬，顶三层，贯东珠各一，皆承以金凤。饰东珠各三，珍珠各十七。上衔大东珠一。朱纬上周缀金凤七，饰东珠各九，猫眼石各一，珍珠各二十一。后金翟一，饰猫眼石一，小珍珠十六。翟尾垂珠，五行二就，共珍珠三百有二，每行大珍珠一。中间金衔青金石结一，饰东珠、珍珠各六，末缀珊瑚。冠后护领，垂明黄条二，末缀宝石，青缎为带"。皇后夏朝冠，青绒为之，余制如冬朝冠。

图1-5 清代诰命妇人的金凤冠（南京博物院藏）

江苏丰县沙河果园李卫墓出土，通高13厘米，重939克。冠面群凤嬉戏，彩云朵朵；冠屋檐为海水江牙图，二龙朝阳，与海水共托象征太阳的红宝石一颗，冠顶插着四个圆形金牌，上刻"奉天诰命"四字。

用于亲王服饰上的四爪称之为蟒袍，形状虽然相近，但是差别却很大 ①。凤冠也属于皇后的专属品，他人不得使用。明代制度规定，除皇后、妃嫔之外，其他人未经允许，一概不得私戴凤冠。

清代后妃所戴的礼冠，虽然也饰有凤形，但是名称上不再称凤冠，而称朝冠。

三、命妇的凤冠

未经特许，除皇后、嫔妃之外，其他人不能戴凤冠，但是文献记载中，我们也常常称明代命妇所戴的礼冠为凤冠，这岂不是矛盾？或者说明代服饰制度中允许不遵循制度，僭越礼制的情况发生？这是误解。明代衣冠制度中确实这样规定，也是这样执行的。明代命妇的礼冠也不是凤冠，只是名称上的命名，其实与皇后、嫔妃的凤冠是两个物什、两码子事。这与民间婚礼中，没有功名的普通百姓穿霞帔、戴凤冠是一样的，只是习惯上称为凤冠，其实根本不是凤冠。详见下文。

命妇的礼冠，有时也称凤冠，多数情况下称为花钗冠。

明代命妇所戴的礼冠有多种，如翟冠、庆云冠、翠云冠等，也都可以称为凤冠，但是等级尊卑有差别。翟冠因为饰有珠翟而得名。《明史·舆服志三》记载：命妇冠服一品，冠花钗九树；二品，冠花钗八树；三品，冠花钗七树；四品，冠花钗六树；五品，冠花钗五树；六品，冠花钗四树；七品，冠花钗三树。又"七品至九品，冠用抹金银事件，珠翟二，珠月桂开头二，

---

① 黄强：《中国服饰画史》，第170页，百花文艺出版社，2007年。

图 1-6　明代金镶宝石花蝶凤冠（南京博物院藏）

湖北省蕲春县刘娘井出土。凤冠高 6.9 厘米，底径 9.9 厘米，重 184.75 克。粗金丝编织，冠形上小下大攒尖形，冠框架上置有花卉、凤鸟、蝴蝶等。冠正中部有一只略向前伸的金累丝镶宝石凤凰，凤首昂起，口衔环，振翅展尾，翅、尾镶红、蓝宝石；下方沿金框底半圈排列五只小凤，口衔环，身、翅镶红、蓝宝石。

珠半开六，翠云二十四片[①]"。按照规定，一品冠用珠翟五个，二品至四品用珠翟四个，五品、六品用珠翟三个，七品至九品用珠翟二个[②]。明代顾起元《客座赘语》亦曰："今南都妇女之饰，在首者翟冠，七品命妇服之，古谓之副，又曰步摇[③]。"顾起元的这段话，说翟冠类似步摇。步摇是一种高髻，又称凤髻，戴步摇具有一步一颤的动态，以及由此伴生的媚态、美感，所谓步步莲花、步步摇曳、步步风情[④]。

　　庆云冠也是明代命妇所戴礼冠之一，冠上装饰以镀金练鹊，以区别位尊者所戴的凤冠，也就是说庆云冠的等级低于翟冠。《明史·舆服志三》记载：七品、八品、九品命妇"通用小珠庆云冠。常服亦用小珠庆云冠，银间镀金银练鹊三，又银

---

① 〔清〕张廷玉等撰：《明史》点校本，第 1646 页，中华书局，2016 年。
② 周汛、高春明：《中国衣冠服饰大辞典》翟冠条，第 56 页，上海辞书出版社，1996 年。
③ 〔明〕顾起元撰，吴福林点校：《客座赘语》，第 96 页，南京出版社，2009 年。
④ 黄强：《六朝发型亦时尚》，刊《南京日报》2010 年 5 月 24 日 A9 版。

图1-7 明代戴凤冠的贵妇
明人绘《朱夫人像》。命妇凤冠虽然也很华丽，却并不是后宫皇后、嫔妃所戴的凤冠，仍然是借名，不过与民间婚礼借名的凤冠也不同，是货真价实的冠，以其夫或子的官职大小而不同。明代规定，除皇后、妃嫔之外，其余人未经许可不得私戴凤冠。

间镀金银练鹊二，挑小珠牌；银间镀金云头连三钗一，银间镀金压鬓双头钗二，银间镀金瑙梳一，银间镀金簪二。"又曰："品官祖母及母，与子孙同居亲弟侄妇女礼服，合以本官所居官职品级，通用漆纱珠翠庆云冠，本品衫，霞帔、褙子、缘襈袄裙，惟山松特髻子，止许受封诰敕者服之。品官次妻，许用本品珠翠庆云冠、褙子为礼服①。"

在明代命妇也曾流行过翠云冠，清代郝懿行《证俗文》卷二记载："明洪武十八年乙丑，颁命妇翠云冠制于天下。"

四、霞帔名称的由来

凤冠交代清楚之后，我们再说霞帔。《释名·释衣裳》解释："霞帔，披也。披之肩背，不及下也。"将霞帔的形制、作用说得很透彻了。

---

① 〔清〕张廷玉等撰：《明史》点校本，第1646页，中华书局，2016年。

根据《中国衣冠服饰大辞典》霞帔条解释，帔最早系妇女披搭于肩的彩色披帛，以为装饰，以轻薄透明的五色纱罗为之。到了唐代，妇女在裙衫之外着质地轻薄柔曼的丝带，如同一条大围巾一般，非常漂亮，富有美感，深受唐代妇女的喜爱，成为当时的时尚之装，并演绎成唐代女装的重要组成[1]。

唐诗中就有"霞帔"的词语，刘禹锡《和令狐相公送赵常盈炼师与中贵人同拜岳及天台投龙华却赴京》有云："银珰谒者引霓旌，霞帔仙官到赤城。"白居易《霓裳羽衣歌和微之》亦曰："虹裳霞帔步摇冠，钿璎累累佩珊珊。"说到女性的帔子色艳若霞，正如南京云锦冠名"云锦"，因其灿若天上云彩，霞帔冠名"霞帔"在于帔子色彩宛如天上的云霞。

图 1-8　北宋妇女披窄幅帛巾
山西太原晋祠圣母殿彩塑。帛巾又称披帛，披在肩上，形似披风。

唐代的帔子主要起装饰作用，不是正装，也不是礼服，披挂可以任意为之，换言之，披于身，并不讲究披挂的方法，可以像围巾那样披挂，也可以其他的穿戴，没有固定的程式，也可以说可有可无。

---

① 周汛、高春明：《中国衣冠服饰大辞典》霞帔条，第238页，上海辞书出版社，1996年。

五、霞帔成为宋代命妇礼服

霞帔作为命妇的礼服，始于宋代。以狭长的布帛为之，上绣云凤花卉。穿着时佩挂于颈，由领后绕至胸前，下垂至膝。底部以坠子相连。原为后妃所服，后遍施于命妇。《宋史·舆服志三》记载：孝宗乾道七年（1171）规定："其常服，后妃大袖，生色领，长裙，霞帔、玉坠子。"

这里需要指出的是宋代的霞帔与唐代的霞帔形制有所不同。宋代的霞帔是与礼服配套的服饰，是隆重的装饰品，"平展地垂于胸腹之前"。宋代妇女日常服饰已经不再用帔，而专属于礼服中的一种。"为了使霞帔平展地垂下，遂于其底部缀以帔坠[①]。"帔坠的质地有金、银、银鎏金、玉等。

明清时期承继宋制，霞帔用于皇后、命妇礼服。

《明史·舆服志三》记载：洪武四年（1371）规定，凡为命妇"一品，衣金绣文霞帔，金珠翠妆饰，玉坠。二品，衣金绣云肩大杂花霞帔，金珠翠妆饰，金坠子。三品，衣金绣大杂花霞帔，珠翠妆饰，金坠子。四品，衣绣小杂花霞帔，翠妆饰，金坠子。五品，衣销金大杂花霞帔，生色画绢起花妆饰，金坠子。六品、七品，衣销金小杂花霞帔，生色画绢起花妆饰，镀金银坠子。八品、九品，衣大红素罗霞帔，生色画绢妆饰，银坠子[②]"。第二年，朝廷又更易命妇服制，对霞帔纹样做出了新的规定。王三聘《古今事物考》卷六记载："国朝命妇霞褙，皆用深青段匹。公侯及三品，金绣云霞翟文。三、四品，金绣云霞孔雀文。五品，

① 杨泓、孙机：《寻常的精致——文物与古代生活》，第47页，辽宁教育出版社，1996年。
② 〔清〕张廷玉等撰：《明史》点校本，第1642页，中华书局，2016年。

图 1-9　明代霞帔（周汛绘，摘自《中国历代妇女妆饰》）

清代徐珂《清稗类钞》："霞帔，妇人之礼服也，明代九品以上命妇皆用之"，说的已经很明白，有品秩官员的命妇才可以使用。

图 1-10　明代凤纹金霞帔坠（湖北省博物馆藏）

湖北钟祥市梁庄王墓出土。通高 14.2 厘米，宽 7.8 厘米，重 72.4 克。桃形，中空，两半可合。坠顶端穿孔，衔一环，环上连一钩。器体两面镂空凤云纹。

绣云霞鸳鸯文。六、七品，绣云霞练鹊文。"

　　洪武二十四年（1391）规定：公侯伯及一品二品命妇的霞帔金绣云霞翟纹，三品四品金绣云霞红雀纹，五品绣云霞鸳鸯纹，六品七品绣云霞练鹊纹[1]。

　　清代的霞帔与明代的霞帔有所不同。其变化：一是霞帔身放宽，只有两幅合并，并附有后篇即衣领，形似比甲；二是帔脚下不用坠子，改用流苏[2]；三是胸部缀有补子，与补服的品级

---

①　〔清〕张廷玉等撰：《明史》点校本，第 1645 页，中华书局，2016 年。
②　周汛、高春明：《中国衣冠服饰大辞典》，第 238 页，上海辞书出版社，1996 年。

图1-11 清代霞帔
清代霞帔与前代有所不同，霞帔尺寸放宽，左右两幅合并，有毛片和衣领，形似比甲。

图1-12 清代穿霞帔命妇
绘画中命妇的凤冠与实物有所不同，画中以点翠为主，实物则多以黄金为主。

补子对应。孙机先生指出，清代的霞帔虽有霞帔之名，实际是"一件带方补子，下沿缝满穗子的绣花坎肩[1]"。

清代霞帔与前代的变化，最根本的不在形式，而在用途。我们知道霞帔是专用服饰，虽然没有龙袍、凤袍严格，但是也有很多限制、禁忌，不是什么人都可以使用的。但是到了清代，霞帔可以"假借"，即士庶妇女在出嫁之日及入殓之日可以借用穿着。《清稗类钞·服饰》记载："霞帔，妇人礼服也，明代九品以上命妇皆用之。以庶人婚嫁，得假用九品服，于是争

---

① 杨泓、孙机：《寻常的精致——文物与古代生活》，第50页，辽宁教育出版社，1996年。

相沿用，流俗不察。谓为嫡妻之例服。沿至本朝，汉族妇女亦仍以此为重，故非朝廷特许也。然亦仅于新婚及殓时用之。其平时礼服，则于披风上加补服，从其夫或子之品级，有朝珠者并挂朝珠焉。结婚日，新郎或已有为品官者，固服本朝之礼服矣。而新妇于合卺时，必用凤冠霞帔，至次日，始改朝珠补服[①]。"按照清朝的规定，结婚当日可用"凤冠""霞帔"，次日命妇改换"朝珠补子"，如果非命妇也要换其他服饰。这里的凤冠、霞帔仍然是借名，详见下文。

六、民间的凤冠与霞帔

提出民间的凤冠与霞帔，是为了与后妃、命妇的凤冠、霞帔相区别。这里面有两层含义：凤冠与霞帔，本来就是专属品，民间本没有凤冠与霞帔；凤冠、霞帔到了民间，只是借用概念，并不是专属品的凤冠与霞帔。后妃、命妇的凤冠、霞帔与民间的凤冠、霞帔不是同一个物品，也不是一个概念。换言之，后妃、命妇的礼冠凤冠与礼服霞帔，是真正意义上的凤冠、霞帔，名实相符；民间的凤冠、霞帔是民间婚礼中新娘所戴的礼冠，穿的吉服，只是借后妃、命妇礼冠的吉言，要的是喜庆彩头，与实际的凤冠相差甚远，名不符实。

普通妇女，没有品级，在成婚、入殓时也可戴凤冠（花钗冠），这只是名称上的称谓，好比穿上戏服扮演王公大臣，甚至皇帝，只是戏中的角色，演出的需要，其服装，其身份，其地位与戏中完全是两码事，不能混为一谈。清代徐珂《清稗

---

① 〔清〕徐珂：《清稗类钞》，第 6198 页，中华书局，2017 年。

图1-13　清代命妇的凤冠
诰命妇人的凤冠还是借名，依据
丈夫品级的命妇凤冠，需要与霞
帔配套穿戴。

图1-14　清代凤冠上的金凤
吉林通榆兴隆山清公主陵出
土。这是清代公主凤冠上的一
个配件。

类钞·服饰》记载："其平民嫁女，亦有假用凤冠者，相传谓
出于明初马后之特典。然《续通典》所载，则曰庶人婚嫁，但
得假用九品服。妇服花钗大袖，所谓凤冠霞帔，于典制实无明
文也。至国朝，汉族尚沿用之。无论品官士庶，其子弟结婚时，
新妇必用凤冠霞帔，以表示其为妻而非妾也[①]。"徐珂的文字传
递了三个重要信息：一是允准民间假借凤冠霞帔，相传始于明
太祖马皇后；二是说民间的凤冠是假冒的，属于借用（借用名
称），非真实的凤冠；三是民间使用霞帔凤冠，表示的是女子
在婚姻中的地位，属于正室，非小妾。来源于命妇可以穿霞帔、
戴凤冠，民间的正室娘子同样要穿霞帔、戴凤冠，其明媒正娶
的地位不容动摇。

---

① 〔清〕徐珂：《清稗类钞》，第6196页，中华书局，2017年。

图 1-15　清代红绸绣花新娘子上衣实物（黄强摄）
清代汉人的婚礼服饰。红色是传统婚礼的主色调，大红婚衣，大红盖头，大红花轿，大红灯笼高高挂，寓意婚后生活红红火火。

　　这样就是说明媒正娶的正室娘子，填房继室的也算，可以戴凤冠、穿霞帔，非正室夫人的小妾、二奶、三奶，则不能披霞帔、戴凤冠。明代小说《金瓶梅》潘金莲、孟玉楼进入西门府，都是小妾，排名四娘、五娘，就没有凤冠霞帔可用。

　　在传世照片中，我们可以看到民间婚礼中的凤冠样式，与明清时期皇后的凤冠差别很大[1]，就其简易、简单的实物样子而言，实在是屈杀了凤冠，也让不了解中国服饰制度的外行，误认为中国历史上雍容华贵的凤冠就是这等样子。北京十三陵定陵出土过明代万历帝皇后的十二龙九凤冠实物，精美绝伦，雍容华丽，光彩照人[2]。

---

①　关于清代至民国时期的婚礼及图像，可以参阅黄强：《百年结婚照》上篇，刊《人像摄影》2001 年第 3 期；黄强：《百年经典　世纪情缘——百年结婚照片回眸》，刊《社团之友》2001 年第 1 期。
②　杨仕、岳南：《风雪定陵——地下玄宫洞开之谜》插图版，第 275 页，浙江人民出版社，2005 年。

图 1-16　民国初年女婚礼服复制品（摘自《衣仪百年》）上衣下裙，婚服上绣有孔雀开屏图案，以及象征富贵吉祥的花草。

民间凤冠、霞帔本来就是借用的，为了身份的荣耀，礼俗的尊重，但是在实际操作中，也分了等级，即正室娘子与小妾的区别。笔者曾经分析女子嫁妆的多少对该女子在婆家的地位有何影响，其结论是成正比：有财力有实力就有地位；反之，地位弱化，不能主宰自己的命运。西门庆死后，孟玉楼、潘金莲的命运不同，就源于嫁入西门府时，两人的嫁妆不同①。

此外，就是进入婆家的妻、妾身份，也决定了女子在男方家的地位。妻妾身份往往也是与嫁妆挂钩的，做妻讲究门当户对；做妾多数是出身卑微，没有多少财力。

中国服饰制度是非常严格的，具有别等级、明贵贱的作用，依其阶层、身份、地位而穿着有别，不能僭越，违者治罪。但是在婚丧之事上，却抛开了等级，允许借名使用，满足了人们的心理诉求，给足了人们面子。中国服饰制度确实最为严厉，最讲究等级，但是在凤冠、霞帔的借用上，又体现了人性化，有了温情的一面。

① 黄强：《物欲与裸婚——嫁妆对〈金瓶梅〉女性命运的影响》，刊《金瓶梅研究》第 10 辑，北京艺术与科技电子出版社，2011 年。

第二章　汉官威仪

——服饰与礼仪

我们现在说服饰，往往忽视了礼仪，服饰的存在与礼仪是密切相关的。服饰的穿戴，受服饰制度的制约，而服饰制度的制度，以及在朝堂之上的官员穿什么，怎么穿，如何符合朝堂的规矩，这就是服饰礼仪，也可以说服饰制度必须与服饰礼仪配合，如果没有服饰礼仪的规范，就没有服饰制度。

中国古代服饰体现"别等级、明贵贱"，服饰是官员品秩高低的外在表现。官场上的官员，庆典中的官员，如何分别出职位高低，自然先看服饰；官员们又如何体现尊卑，自然要靠服饰礼仪。

重大活动中，着装不得体，不免有失礼貌，有失身份。倘若活动代表国家，那就是有失国格。这种场合下的服饰穿戴，不仅传递个人礼貌、修养信息，更体现一个国家的文化与修养。

一、黄帝垂衣裳而治天下

当社会进入阶级社会，阶级意识与统治观念得以强化，人与人有了等级差别，服饰也融入了等级的意识，服饰的礼仪制度也应运而生。

《易经集解》引《九家易》曰："黄帝以上，羽皮革木以御寒暑，至乎黄帝始制衣裳，垂示天下。"提出了黄帝始制衣裳说。谁制造了衣裳并不重要，在人类发展中，制衣裳乃是人类集体的发明创造。《易经·系辞下》曰："黄帝、尧、舜垂衣裳而天下治。"这才是比制造衣裳更为重要的事。大家都穿衣裳了，脱离了原始人的生活与气息，进入文明社会。文明社会的文明体现在哪里？需要按照一定的规则来执行指令，于是帝王按照尊卑等级，采用衣冠服饰各有等差，帝王只要拱手而立，天下

图 2-1 汉代武梁祠画像石上的黄帝冕服衣裳像

《周易·系辞下》说："黄帝、尧、舜垂衣裳而天下治，盖取诸乾坤。"黄帝懂得服饰的教化作用，无为而治。据说，中国服饰的创立体现了君臣之道、官民之别。君臣、领袖、官吏（谐音冠履）都属于衣裳；一君二臣（一个裤腰，两只裤筒）；一领二袖；一官（冠）二吏（履）——以衣裳产生的先后顺序，以及各部位的名称，设置职务治理天下。

就可太平。尽管这只是一种愿望，但是毕竟反映了中国古代社会对服饰等级的重视以及服饰等级的教化作用。

随着历史的演进，天地间的万物给了人类在服饰上多样的创造性和丰富的想象空间。《易经·系辞下》说："古者，包牺氏之王天下，仰则观象于天，俯则观法于地，观鸟兽之文与地之宜"，《尚书·皋陶谟》也说："予欲观古人之象、日、月、星辰……以五采彰施于五色，作服，汝明"，就是根据日月星辰的星象，山川景物的形状，自然界的色彩变化，在服饰上象征地绣成纹样，形成服饰的等差之别。

大约在夏商之际，服饰礼仪制度开始出现，《论语·泰伯》记载，孔子用"致美乎黻冕"赞美夏大禹冠服之美。黼黻是古代礼服上绣有的半青半黑纹样的服饰，冕是古代天子诸侯的礼帽。奴隶制的西周社会已经形成了服色等差的制度。至封建时期，服饰"别等级、明贵贱"的特性日趋显著，遂衍变成中国古代官服的一大特点。

二、衣裳制度形成

在中国的思想体系中，"礼"占据重要的地位，《左传·昭公二十五年》曰："夫礼，天之经也，地之义也，民之行也①。"（礼就是天之经，地之义，就是老天规定的原则，大地施行的正理。它是百姓行动的依据，不能改变，也不容怀疑。）"礼"就是社会道德的标准，人们的行为准则。古代中国，通过"礼"来显示长幼、尊卑、亲疏的关系，形成伦理序位原则的思想观、价值观。

周公姬旦，为了巩固西周政权，规定了一套天子、诸侯、卿、大夫、士的等级宗法制度，他制订了"衣冕九章"（明纹）之制，以明示官员上朝、公卿外出、后妃燕居的上衣下裳各有差等，对衣冕的形式、质地、色彩、纹样、佩饰等都有明文规定。这样，衣裳制度就纳入了周朝"礼治"的范围，成为周代"礼仪"的主要表现形式。《物原》："周公始制天子衣冕，四时各以其色。"

《周礼》记载，周代已经形成了吉礼、凶礼、军礼、宾礼、嘉礼等五礼。吉礼指祭祀的典礼，包括对日、月、星辰、社稷、山林、五月的祭祀；凶礼指丧葬之礼，包括对君王丧葬、对天灾人祸的哀吊。军礼就是在军事活动中的礼仪，包括校阅（检阅）、出师、田猎等活动。宾礼是指对王朝朝见，对诸侯之间友好往

---

① 杨伯峻编著：《春秋左传注》（修订本），第1620页，中华书局，2018年。

来的礼仪活动。嘉礼则指婚俗喜庆，包括婚礼、冠礼、飨宴会、立储等内容①。礼仪的形成有相应的礼节制度，以及与礼仪配套的服饰，吉礼用吉服，凶礼穿丧服，军礼服戎服，各有规定，各有体系，彼此不能混用，即不能不按礼仪的规定，随意乱穿服装②。服饰穿戴错误那是失礼的，会引起很大麻烦，如果是国与国之间来往，穿错了服饰，用错了礼仪，那就可能引起两国的争端，后果非常严重。

《周礼》中帝冕衣制纹饰有"九章"，即山、龙、华虫、火、宗彝等五章绘于衣；藻、粉米、黼、黻等四章绣于裳。后来又增加日、月、星辰三章，共称帝冕衣十二章纹。十二章纹每一章纹都有含义，象征着帝王的风操品行。《尚书·皋陶谟》："予欲观古人之象，日、月、星辰、山、龙、华虫作会，宗彝、藻、火、粉米、黼、黻缔（麻）绣，以五采彰施于五色，作服③。"上衣六章纹用色彩绘，下裳六章纹用刺绣制作。

周代衣裳章纹制如何规定，后世学者有多种说法。郑玄说：公衣九章，公衣即衮（《周礼·司服》郑注：衮，卷龙衣），朝臣三公指太师、太傅、太保三人，服九章纹。外臣诸侯、内臣六卿即侯伯，服七章纹，称鷩衣。鷩即长尾山雉（锦鸡）。

西周时服饰不分男女，主要采用上衣下裳制，到了春秋战国时期，对西周的上衣下裳制做了第一次变革，上衣下裳连为一体，即深衣制，男女通穿，不分尊卑。深衣在战国至秦汉时期，都是人们的主要服饰，用途广泛，不过深衣没有等级的识别标志（图案），不属于官服，乃是官员们日常生活中的便服，

① 周汛、高春明：《中国古代服饰风俗》，第14页，三秦出版社，2002年。
② 叶立诚：《服饰礼仪》，第317页，中国纺织出版社，2001年。
③ 王世舜、王翠叶译注：《尚书》，第43页，中华书局，2018年。

而百姓服饰品种、款式很少，深衣适用性广，也就成了他们经常穿的常服、工作服。需要指出的深衣在这一时期，也被一些官员作为礼服和常服，诸侯、大夫、士人除朝祭之外，皆穿深衣；士庶朝祭时也穿深衣。渐渐在深衣上也开始出现规格标志，局部结构有了一定的格式，形成相应的制度，这也是深衣成为官员礼服和常服的原因。

秦汉时期，丝织品出现空前的盛况。官府设立的纺织染工场作坊规模很大，专门生产名贵丝织品供皇室使用。汉代有考工令兼管织绶，平准令主管练染作彩色，御府令主管作衣服，所属有东西织室，织作文绣郊庙之服。官办的纺织机构，一方面为宫廷服务，另一方面实施对服饰等差的管理。

三、十二章纹的含义

周代冕服多为玄衣、纁裳，上衣颜色象征未明之天，下裳表示黄昏之地。集天地之一统，有提醒君王勤政的用意。

衣服上绣日、月、星辰、山、龙、华虫、宗彝、藻、火、粉米、黼、黻十二章纹。十二章纹并不是任意为之的，而是具有象征意义。

日、月、星辰，取其照临，如三光之耀。山，取其稳重，象征王者镇重安静四方。龙，取其应变，象征人君的应机布教而善于变化。华虫（雉鸡），取其文丽，表示王者有文章之德。宗彝（一虎一蜼，蜼即长尾猿），取其忠孝，取其深浅有知，威猛有德之意。藻（水草），取其洁净，象征冰清玉洁。火，取其光明，表达火炎向上，率领人民向归上命之意。粉米（白米），取其滋养，养人之意，象征济养之德。黼（斧形），取其善于

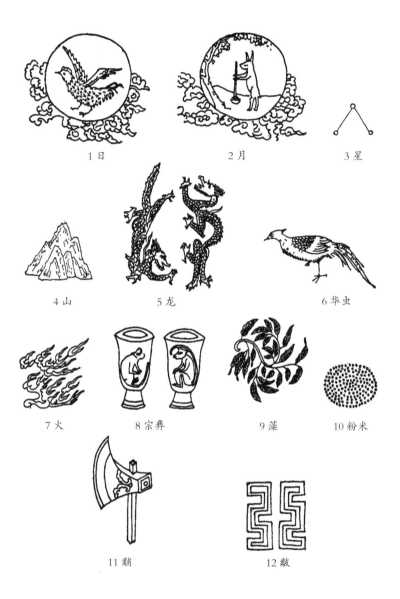

1 日　　　　　2 月　　　　　3 星

4 山　　　　　5 龙　　　　　6 华虫

7 火　　　　8 宗彝　　　　9 藻　　　　10 粉米

11 黼　　　　　12 黻

图 2-2　《五经图》中的十二章纹图
十二章纹赋予了服饰等差及象征意义，代表
着政体与国威。

决断之意。黻（两弓相背），取其见善去恶之意①。

十二章纹的形成，不仅表明服饰等差制度的形成，而且赋予了等差服饰以象征意义。中国古代的服饰，不只是具有穿戴御寒保护身体的功能，也不局限于"别等级、明贵贱"的作用，而具有了代表政体，代表国威，表现社会价值取向的意义。帝王穿上绣有十二章纹的袍服，不仅仅表示他是万人之上的一国之君，他还要了解社会，体察民情，树立正气，倡导社会的和谐；他要有贤君之德，以江山社稷为重，明是非，辨曲直，率领人民创造社会价值，稳健发展。为人民谋福祉，为社会谱和谐，这就是一个贤能、开明、睿智君王的责任。帝王的服饰传递了这样的信息，表达了这样的信念。因此，十二章纹"作为一种具有特定文化内涵的符号，它们既是天地万物之间主宰一切、凌驾其上的最高权力的象征，亦是帝王们特定的服饰文化心态（赏用性）和价值取向（追求政治上的'威慑效应''轰动效应'，政治需求高于生理需求）的形象化反映②。"

十二章纹的色彩，根据《尚书大全》记述，大致上是：山龙纯青色，华虫纯黄色，宗彝为黑色，藻为白色，火为红色，粉米为白色，日用白色，月用青色，星辰用黄色③，黑白相间为黼，黑青相间为黻，这样就有白、青、黄、赤、黑的五色，绣之于衣，就是五采。

古代帝王在最重要、最隆重的祭祀场合下，穿十二章纹的冕服，因此十二章纹为最贵，依照礼节的轻重，冕服及其章纹

---

① 周锡保：《中国古代服饰史》，第15—16页，中国戏剧出版社，1996年。
② 赵联偿：《霓裳·锦衣·礼道——中国古代服饰智道透析》，第33页，广西教育出版社，1995年。
③ 周锡保：《中国古代服饰史》，第33页，中国戏剧出版社，1996年。

有所递减。王公贵胄，文武百官的礼服（冕服）及其章纹也是依次递减的。王的冕服由山而下用九章，侯、伯冕服章纹由华虫以下用七章，子、男冕服由藻以下用五章，卿大夫冕服由粉米以下用三章。即除了冕服由大裘冕依次递减为衮冕、鷩冕、毳冕、绣冕、玄冕之外，绣在冕服下裳上的章纹也是递减的。

此外，所戴冕冠的旒也依次递减。大裘冕属于帝王吉服，凡祭祀昊天、五帝时穿用。衮冕次于大裘冕天子、上公祭祀先王时服之，天子用十二旒，每旒用玉十二颗，公服衮冕较天子降一等，冕冠用九旒，每旒用玉九颗；鷩冕又次于衮冕，祭祀先公、飨射时服之，天子冕冠用八旒，冕服绘绣七章，其中衣绘三章，裳绣四章；公、侯、伯的冕冠垂旒与冕服绘绣章纹依次递减[1]。

四、叔孙通制定汉代礼仪

秦始皇时，废止六冕（大裘冕、衮冕、鷩冕、毳冕、绣冕、玄冕）。先秦的冕服制度遭到破坏，到了西汉初期，对于冕服的使用，已经不甚明了。

秦末天下大乱，各路诸侯风起云涌。汉高祖刘邦平民出生，不过是乡野农村的一个亭长，没见过大世面，身上还有市井无赖的习气，他"以布衣提三尺取天下"，成为汉代开国皇帝，自身没什么文化，还对儒生（知识分子）颇为轻视，经常戏弄儒生。当着儒生的面，就旁若无人地洗脚，又摘下儒生的帽子

---

① 周汛、高春明：《中国古代服饰风俗》，第14页、第15页，三秦出版社，2002年。

图 2-3　汉代皇帝冕服
（摘自《中国历代服饰》）
绣有十二章纹。上衣颜
色象征未明之天，下裳
表示黄昏之地。集天地
之一统，有提醒君王勤
政的用意。

撒尿。司马迁《史记·郦生陆贾列传》记载："沛公不好儒，
诸客冠儒冠来者，沛公辄解其冠，溲溺其中。"儒生来拜见刘邦，
刘邦就如此轻慢儒生。"沛公至高阳传舍，使人召郦生。郦生至，
入谒，沛公方倨床使两女子洗足，而见郦生[①]。"出生于乡间
的刘邦，不懂礼仪，也不尊重知识分子。

　　刘邦可以当着儒生的面，对着帽子撒尿，哪里有帝王的修
养？带兵打仗有韩信，管理国家有萧何，刘邦我行我素，乐得
做他的潇洒皇帝，于是宫中一片混乱。翦伯赞在《秦汉史》中

---

① 〔汉〕司马迁撰，〔宋〕裴骃集解：《史记》点校本，第 3262—3263 页，
　　中华书局，2018 年。

说：“刘邦初都洛阳，不久移至长安。初即位时，曾大宴功臣，但是当时的所谓功臣，多半不懂什么朝拜皇帝的仪式，他们喝醉了酒，就拔剑击柱，说刘邦封赐不平。”上朝时群臣经常发生争吵，乱哄哄，一片混乱。

没有规矩不成方圆，原秦朝博士叔孙通向刘邦进言。《史记·刘敬叔孙通列传》记载：“汉五年，已并天下，诸侯共尊汉王为皇帝于定陶，叔孙通就其仪号。高帝悉去秦苛仪法，为简易。群臣饮酒争功，醉或妄呼，拔剑击柱，高帝患之。叔孙通知上益厌之也，说上曰：‘夫儒者难与进取，可与守成。臣愿征鲁诸生，与臣弟子共起朝仪。’高帝曰：‘得无难乎？’叔孙通曰：‘五帝异乐，三王不同礼。礼者，因时世人情为之节文者也。故夏、殷、周之礼所因损益可知者，谓不相复也。臣愿颇采古礼与秦仪杂就之。’上曰：‘可试为之，令易知，度吾所能行为之①。’”意思是上朝应该有礼仪，大臣应该按礼制按部就班，尊卑有序。做了皇帝的刘邦虽然骨子里仍然有流氓的秉性，不拘礼节，但是闻听有一套礼仪，可以让群臣对他顶礼膜拜，显示他高高在上、威武庄严的皇帝权威，自然觉得好，他就布置叔孙通制定上朝的礼仪。

奉了刘邦的命令，叔孙通去鲁国征聘懂上朝礼仪的儒生，征集了三十余人，但是有两位儒生不肯来，并且把叔孙通大骂一通。《史记·刘敬叔孙通列传》记载：“公所事者且十主，皆面谀以得亲贵。今天下初定，死者未葬，伤者未起，又欲起礼乐。礼乐所由起，积德百年而后可兴也。吾不忍为公所为，

---

① 〔汉〕司马迁撰，〔宋〕裴骃集解：《史记》点校本，第3296页，中华书局，2018年。

公所为不合古，吾不行。公往矣，无污我[①]！"叔孙通碰了个大钉子，只好说了一句："若真鄙儒也，不知时变。"

于是，叔孙通带着三十几位儒生回到长安，在野外演绎上朝礼仪。先是用稻草人做模特，布置各人的位置，进行讲解，然后再由三十几位儒生，台上演绎。叔孙通花了一番心思，在秦代朝廷礼仪的基础上编排出汉代的朝廷礼仪，三十几位儒生也熟悉了套路，他们也成了礼仪师傅，去教导群臣，群臣熟悉了，再由叔孙通辅导皇帝。如此这般，折腾了一个多月，面对皇帝，群臣也知道如何磕头，呼叫万岁万岁万万岁。刘邦感受了一把做皇帝的威严。

《史记·刘敬叔孙通列传》记载："汉七年，长乐宫成，诸侯群臣皆朝十月。仪：先平明，谒者治礼，引以次入殿门。廷中陈车骑步卒卫宫，设兵张旗志。传言'趋'。殿下郎中侠陛，陛数百人。功臣列侯诸将军军吏以次陈西方，东乡；文官丞相以下陈东方，西乡。大行设九宾，胪传。于是皇帝辇出房，百官执职传警，引诸侯王以下至吏六百石以次奉贺。自诸侯王以下莫不振恐肃敬。至礼毕，复置法酒。诸侍坐殿上皆伏抑首，以尊卑次起上寿。觞九行，谒者言'罢酒'。御史执法举不如仪者辄引去。竟朝置酒，无敢欢哗失礼者。于是高帝曰：'吾乃今日知为皇帝之贵也[②]。'"适逢长乐宫落成，就正儿八经地彩排一次，宫殿巍峨雄伟，群臣们恭恭敬敬、规规矩矩，山呼万岁，那场面很是壮观。刘邦被那上朝礼仪的气氛所感染，感受了一把真天子的威风，他非常兴奋，感慨道："我今天终于

---

① 〔汉〕司马迁撰，〔宋〕裴骃集解：《史记》点校本，第3297页，中华书局，2018年。
② 同上书，第3297—3298页。

图 2-4 清代皇帝十二章金龙袍图样（故宫博物院藏）制作皇帝吉服之龙袍的版样，用什么纹样的龙，立龙、升龙还是降龙，《清会典》《清会典图》中都有严格规定。

知道皇帝的尊贵了。"礼仪让曾经拿着儒生冠帽当夜壶的市井出身的马上英雄，也觉得那些迂腐的儒者并非一无是处，还是颇有用处的。于是封叔孙通为太常，赏赐五百金。有功的叔孙通没有居功自傲，独吞赏金，他向刘邦奏请，那些儒生追随他演绎礼仪，对于礼仪的排演皆有功劳，请汉高祖封赏，他也将五百金分给诸位儒生，这帮演礼的儒生均得到皇帝封赏的官职，皆大欢喜。

礼，是随着时代和人情的变化而增减的。所以，夏、商、周的礼都根据时代的不同加以增减，"五帝异乐，三王不同礼"。没有规矩不成方圆，礼就是让人们、社会按照尊卑、长幼有序的规定，遵照社会道德标准来执行。尊卑有别，贵贱有分。《论语·子路》曰："名不正，则言不顺；言不顺，则事不成；事不成，则礼乐不兴；礼乐不兴，则刑罚不中；刑罚不中，则民无所错手足^①。"在这里，孔子指出，要想治理好国家，一定要先"正名"，明确"君君、臣臣、父父，子子"上下的关系，让"亲亲、尊尊、长长"上下等级森严。没有礼仪，不讲修礼、习礼、行礼，社会就会出现混乱。

《汉书·魏相传》记载：叔孙通还制定了汉代天子衣服之制，他依据天地四时气候变化，制定天子一年四季所穿衣服，"当法天地之数，中得之和。故自天子王侯有土之君，下及兆民，能法天地，顺四时，以治国家，身无祸殃，年寿永究，是奉宗庙安天下之大礼也^②"。可见服饰的穿戴，及其与之配套的礼仪，目的是让人们、社会遵循一定的等级差别，符合各阶层人士的身份，体现社会的秩序，可使社会稳定，人民安康。叔孙通制定礼仪的意义在于整顿社会秩序，维护人伦纲纪。说中国是礼仪之邦，那是因为中国社会重视礼仪，一切行为遵照礼仪，尊卑有序。

汉代初年叔孙通撰《汉礼器制度》，其所绘制的礼仪，也未具体说及衮服的形制，其主要在于定朝仪的仪式，对冕服等还未详细规定。

汉代初期的朝祭之服，从汉之斋服，而非冕服。一直到了东汉孝明皇帝的永平二年（59），依据《周官》《礼记》《尚书》等篇，逐渐恢复天子、三公、九卿的冕服之制。天子冕服，绣文日、月、星辰等十二章纹；三公、诸侯冕服，绣山、龙等九章；九卿以下，采用华虫七章，都有五彩，大佩、赤舄绚屦。

叔孙通制度礼仪，在中国礼仪制度史、中国服饰流变史上

---

① 杨伯峻译注：《论语译注》，第132页，中华书局，2015年。
② 〔汉〕班固撰，〔唐〕颜师古注：《汉书》点校本，第3140页，中华书局，2018年。

有着非常重要的意义。上古时期虽有礼仪，也有服饰等差制度，但是经过秦末战乱已经破坏坏严重，社会的等级观念几近崩溃。叔孙通恢复了礼制，复原了礼仪，将崩溃的中国礼制拉回到正轨，又继续发展。

汉代贾谊在《治安策》中说："人主之尊譬如堂，群臣如陛，众庶如地。故陛九级上，廉远地，则堂高；陛亡级，廉近地，则堂卑。高者难攀，卑者易陵，理势然也。故古者圣王制为等列，内有公卿大夫士，外有公侯伯子男，然后有官师小吏，延及庶人，等级分明，而天子加焉，故其尊不可及也①。"（意思说：君主的尊贵，就好像宫殿的厅堂，群臣就好像厅堂下的台阶，百姓就好像平地。所以，如果设置多层台阶，厅堂的侧边远离地面，那么，堂屋就显得很高大；如果没有台阶，厅堂的侧边靠近地面，堂屋就显得低矮。高大的厅堂难以攀登，低矮的厅堂就容易受到人的践踏。治理国家的情势也是这样。所以古代英明的君主设立了等级序列，朝内有公、卿、大夫、士四个等级，朝外有公、侯、伯、子、男五等封爵，下面还有官师、小吏，一直到普通百姓，等级分明，而天子凌驾于顶端，所以，天子的尊贵是高不可攀的。）贾谊又说："夫立君臣，等上下，使父子有礼，六亲有纪，此非天之所为，人之所设也。夫人之所设，不为不立，不植则僵，不修则坏。《管子》曰：'礼义廉耻，是谓四维；四维不张，国乃灭亡②。'"（意思是至于确立君臣的地位，规定上下的等级，使父子之间讲礼义，六亲之间守尊卑，这不是上天的规定，而是人为设立的。人们所以设立这些规矩，是因为不设立就不

① 〔汉〕班固撰，〔唐〕颜师古注：《汉书》点校本，第 2254 页，中华书局，2018 年。
② 同上书，第 2246 页。

能建立社会的正常秩序，不建立秩序，社会就会混乱，不治理社会，社会就会垮掉。《管子》上说："礼义廉耻，这是四个原则；这四个原则不确立，国家便要灭亡。"）

对于古人制订服饰礼仪，当下的人可能很不理解，要那些繁文缛节干什么？在中国封建社会里，没有礼仪、等级制度是不可想象的。我们都知道没有规矩不成方圆的道理，古代的礼仪就是规矩，社会的大规矩。刘邦初登天子宝座，也同样轻视礼仪。当他第一次感到了叔孙通制度的礼仪，体现了汉官威仪之后，就不再小觑礼仪，而且开始重视礼仪制度。礼仪就是让人们按照一定的礼节，等级制度，遵循君君臣臣的纲常。没有礼仪就没有文明，对传统文化的传承，传承的是中华文明，中国在当下仍然需要文明的熏陶，提高中国人的修养、涵养。

礼仪是社会秩序稳定的表现，礼仪是人际关系和谐的基础，礼仪是社会文明进步的载体。中华五千年文明依托于礼仪，因为有礼仪才有中华的礼仪之邦，才有中华灿烂的文化，才有中华美轮美奂的服饰。

第三章

『身』藏不露

——深衣曲裾与襜褕

中国古代服饰千变万化，多姿多彩，但是形式上无外乎两种：上衣下裳制与衣裳连属制。前者形制上面是衣，下面是裳；后者上下连体，不分衣与裳。按照这两种形制，西周时服饰主要是前者，衣裳分为两截，穿在上身的是"衣"，穿在下身的是"裳"，以后的袴褶、襦裙都属于这一类；春秋战国时期的服饰主要是后者，上下衣裳连为一体，成为一件衣裳，后世的袍服、长衫属于这一类，名称为深衣。

一、深衣之意，"身"藏不露

何为深衣？就是将上衣下裳连为一体，合并为一件衣服。因被体深邃，故名。深衣诞生于春秋战国时期，是上古时期的代表性服饰，《礼记·深衣》郑玄注云："名曰深衣，谓连衣裳而纯之以采也。"孔颖达正义曰："所以此称深衣者，以余服则上衣下裳不相连，此深衣衣裳相连，被体深邃，故谓之深衣。"

深衣的衣与裳相连在一起，而冕服、元端都是衣裳不相连属。深衣的长度大致到足踝。《礼记·玉藻》记载："朝元端，夕深衣。"朝之礼齐备，故早朝穿元端；夕之礼简便，故夕朝穿深衣。《礼记·深衣》曰："古者深衣，盖有制度，以应规、矩、绳、权、衡①。"（古人穿的深衣有一定的尺寸样式，以合乎规、矩、绳、权、衡的要求。）孔颖达正义曰："所以称深衣者，以余服则上衣下裳不相连，此深衣衣裳相连，被体深邃，故谓之深衣。"钱玄《三礼名物通释》云："古时衣与裳有分者，有连者。男子之礼服，衣与裳分；燕居得服衣裳连者，谓之深衣。"

① 陈戌国点校：《周礼·仪礼·礼记》，第449页，岳麓书社，2006年。

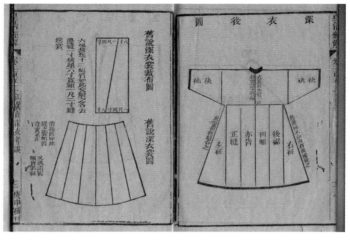

图 3-1 江永深衣形制示意图
前后各四幅，用二幅正裁破后再缝合。

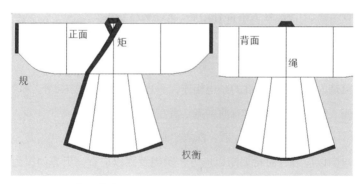

图 3-2 深衣部位寓意
深衣名称的产生是因为它深藏不露，但是寓意则表达了人与衣，社会与衣的关联。规代表圆规，表示天圆；矩代表角尺，表示地方，合在一起就是天圆地方。

深衣还有"身"藏不露之意。上古时期的服装非常宽松，没有后世意义上的内衣。上衣没有纽扣，用带维系。下裳不是裤子，而是类似裙子的直筒，没有裆，下衣是胫衣，无腰无裆，套在膝盖以下的小腿部位。胫衣对于私部有保护作用，但并不严密[1]。身体活动时，如下蹲、下跪、奔跑时，就会露出身体的一部分，尤其是隐私处。而且上古时没有桌子、椅子，人们会面谈事，都是坐姿，就是盘腿坐在垫子上，这样很容易走光。礼仪活动中，身体一部分露出来，非常不雅。正是因为这样，出现了深衣来避免身体某些部位露出来。

对于深衣的形制，前贤记述有差异，如汉代的许慎、郑玄，唐代孔颖达、颜师古，宋代聂崇义、朱熹，明代张璁、方以智，清代黄宗羲、江永、任大椿都有论述，黄宗羲有《深衣考》，江永有《深衣考误》，任大椿有《深衣释例》。对于深衣的形制，历代有争议，但是大致上都认为裳的一边相连，一边曲裾遮掩。相连者在左边，有曲裾掩之者在右边。

图3-3　战国魏深衣铜人（中国国家博物馆藏）
战国时的深衣还是早期深衣的形制，不论尊卑不分男女皆可穿，地位次于朝服。诸侯、大夫、士人除朝祭之外，都穿深衣。

《礼记·深衣》记载：深衣"制十有二幅，以应十有二月。袂圜以应规，曲袷如矩以应方，负绳及踝以应直，下齐如权衡以应平。故规者，行举手以为容，负绳、抱方者，以直其政，方其义也。故《易》曰：'坤六二之动，直以方也。'下齐如

---

① 黄强：《中国内衣史》，第9页，中国纺织出版社，2008年。

权衡者，以安志而平心也。五法已施，故圣人服之。故规、矩取其无私，绳取其直，权衡取其平，故先王贵之[①]"，说明深衣由十二幅缝制而成，其部位各有寓意，以其"规矩"表现无私，以其"绳"代表正直，以其"权衡"寓意公平。这样的服饰，可以时刻提醒穿着者行为正直，做事规范，体现公平、公正的公心。

二、深衣的使用

上古时期，服饰品种很简单，深衣是主要服饰。

上下连属的深衣在春秋战国时期普遍使用，男女皆穿深衣。男性的深衣因身份不同、场合不同，而有所区别。相对而言，女性的深衣比较单一。

深衣之所以续衽钩边，是因为出于掩裳开露的需要，在深衣前襟被接出一段，穿戴时必须绕至背后，形成了"曲裾"。

深衣的用途广泛，《礼记·深衣》曰："故可以为文，可以为武，可以傧相，可以治军旅。完且弗费，善衣之次也[②]。"意

图 3-4　楚国深衣妇女木俑临摹本
湖南长沙楚墓出土彩绘俑。

---

① 陈戍国点校：《周礼·仪礼·礼记》，第 449 页，岳麓书社，2006 年。
② 同上。

思是深衣可以作为文服穿，可以作为武服穿，可以迎宾接待时穿，也可以带领部队时穿，样式完备，做起来省力，是朝服、祭服以外最好的衣服了。深衣不是法衣，但是圣人也穿深衣。深衣是士人除祭祀、朝服的吉服之外最为重要的服饰；对于百姓来说，深衣就是他们的吉服（礼服）。

深衣的制作以白麻布为主，领袖、衣襟、裾等部位绣以彩缘。战国以后，多用彩帛制作。沈从文先生概括深衣的特点："男女衣着多趋于瘦长，领缘较宽，绕襟旋转而下。衣多特别华美，红绿缤纷。衣上有作满地云纹、散点云纹或小簇花的，边缘多较宽，作规矩图案，一望而知，衣着材料必出于印、绘、绣等不同加工，边缘则使用较厚重织锦，可和古文献记载中'衣作绣，锦为缘'相印证①。"

深衣属于贵族、有钱有身份的人的服装，庶民则以短衣大裤为主，劳动者则着形似犊鼻的短裤，俗称犊鼻裤。《史记·司马相如列传》写司马相如与卓文君私奔后到临邛，买一酒馆卖酒为生："而令（卓）文君当垆（酒店放置酒坛的炉形土墩）。相如身自着犊鼻裤，与保庸杂作涤器于市中②。"犊鼻裤实际是一种形状像犊鼻的短裤，从汉代绘有犊鼻裤的壁画中，我们可以看出它的形状。

深衣的出现改变了过去单一的服饰样式，深受人们的欢迎，不仅做常服、礼服，也做祭服③。

---

① 沈从文：《中国古代服饰研究》（增订本），第53页，上海书店出版社，1997年。
② 〔汉〕司马迁撰，〔宋〕裴骃集解：《史记》点校本，第3639页，中华书局，2018年。
③ 周汛、高春明：《中国衣冠服饰大辞典》概述，第2页，上海辞书出版社，1996年。

图 3-5 汉代三重深衣俑
陕西西安红庆村出土。曲
裾有重复穿戴的，每层领
子露于外，最多的达三层
以上。

图 3-6 汉代宽袖绕襟深衣图（摘自
《中国历代服饰》）
依据湖南长沙马王堆一号墓帛画绘制。
衣裾从前襟绕过后背，此为曲裾深衣。
袖口有宽、窄之分。

三、深衣演变为曲裾直裾（襦裆）

秦汉时期仍然流行深衣，不过到了汉朝，深衣与战国时期
略有变化，西汉早期，深衣演变为曲裾与直裾。到了东汉，男
子一般不再穿深衣，而改穿直裾（衣袍）、襦裆（短衣）。襦
裆与深衣的共同点在于衣裳相连，不同点在于衣裾的开法。襦
裆的款式较为宽松，不像曲裾深衣那样紧裹于身。汉代妇女礼服，
仍以深衣为主，因此汉制称妇女礼服为深衣制。不过这时候的
深衣与战国时期有所不同，衣襟的绕转层数增多，衣服下摆增大。
穿着者腰身大多裹得很紧，并用一根绸带系扎在腰间。

深衣用曲裾掩遮身体的原因在于，汉代的长衣一般不开衩
口，当时的袴多为胫衣，护体不严密，而且不开衩口，又要便

图 3-7 汉代戴帽穿曲裾服男子俑
陕西咸阳出土。汉代男子服饰分为
直裾、曲裾两种。曲裾即战国时代
流行的深衣，西汉时仍然流行，男
子穿直裾的尚不多，主要原因是社
会认为直裾是女服。到了西汉后期、
东汉，穿直裾的男子也多了起来。

于举步，在行走时，很容易暴露内衣。内衣是贴身而穿的亵衣，不能外露。为了避免这些尴尬，只有采取曲裾遮掩的形式。南京博物院藏有西汉墓出土男女木俑，木俑身上的男式深衣曲裾略向后斜掩，延伸得并不长，而女式深衣曲裾则向后缠绕数层，较男式复杂。

曲裾因深衣穿着时衣襟相掩，尖端部分绕至身后，所谓裾是指衣裙后部的下摆。垂直面下者谓之直裾，裁成斜角之谓之曲裾。深衣则根据衣裾绕襟与否，分为曲裾和直裾两种。

男子的曲裾下摆较为宽大，方便行走；而女子的则稍显紧窄，下摆都呈现出喇叭状的样式，从出土的战国、汉代壁画和俑人都可以见到这样的式样。当出现有裆的裤子之后，曲裾遮掩的作用淡化，男子穿曲裾的越来越少。女子受到内衣品种发展的

图 3-8　曲裾袍服展示图
（摘自《中国历代服饰》）
衣襟绕到背后，以丝绦
为带系扎。

图 3-9　汉代襜褕展示图（摘自《中国历代妇女妆饰》）
襜褕系直裾深衣，早期为妇女之服。

图 3-10　西汉深衣俑
（河北省博物馆藏）
1968 年出土于河北省满城县中山靖王刘胜之妻窦绾墓。此俑实为汉代长信宫窦太后所用鎏金铜灯，通高 48 厘米，重 15.85 千克。因灯器身铭文有"长信"字样，故名长信宫灯。宫灯造型为宫女跪坐双手持灯状，宫女身穿广袖内衣，外着深衣，腰间束带，衣襟由右侧向后掩卷，衣纹疏密有致。

制约，相对来说，保持使用曲裾的时间较长一些。一直到东汉末至魏晋，襦裙兴起，深衣式微，女子曲裾也渐渐退出了历史舞台。

　　曲裾是汉代女服中最为常见的一种服式，形制通身紧窄，长可曳地，下摆一般呈喇叭状，行不露足。衣袖有宽窄两式，袖口大多镶边。衣领为交领，领口很低，露出里衣。曲裾可以多穿，一件套一件，每层领子必露于外，最多的达三层以上，时称"三重衣"。陕西西安红庆村汉代出土陶俑有显示了"三重衣"曲裾穿着法的形象。

　　湖南长沙马王堆一号汉墓出土帛画描绘了汉代贵族妇女着绕襟深衣的形象。帛画中女性有多人，皆穿宽袖紧身的绕襟深衣，尽管服饰的面料、服色不一，其深衣形制则一样，衣裾从前绕着背后、臀部，以绸带系束。衣领、袖及襟都有镶边，老夫人的深衣上还有精美的纹饰。

襜褕出现在西汉时期，最初为妇人所穿，男子可以穿深衣，却不能穿襜褕，穿了则被认为失礼。《史记·魏其武安侯列传》："元朔三年，武安侯坐衣襜褕入宫，不敬。"唐代司马贞索隐："谓非正朝衣，若妇人之服也[1]。"深衣是男女皆可穿，没有性别差异，襜褕则有性别差异，武安侯穿着襜褕（女人的服饰），自然会被认为失礼。诸葛亮与司马懿对峙时，曾经送给司马懿女人的服饰，就是为了羞辱司马懿，让他迎战。那么何为襜褕？《说文解字·衣部》释义："直裾谓之襜褕。"

四、深衣的影响

深衣产生于上古时期，是汉民族服饰的最早形式，对中国服饰产生了巨大的影响，可以说是中国服饰演变史上极为重要的一个品种。后世的袍子、衫子都是在深衣的基础上产生的。汉代的命妇将深衣作为礼服；唐代的袍子加襴；宋代士大夫复制深衣；元代的质孙服、腰线袄子；明代的曳撒都采用上下连衣的形式；甚至如今的连衣裙也是上古深衣的遗风。

到了魏晋时期，出现褒衣博带的大袖衫等服饰形式，深衣才被代替[2]。所谓被代替，是指服饰流行款式中已经没有了这个品种，但是魏晋之后仍然有个别喜欢深衣形制的人穿着、研究

---

① 〔汉〕司马迁撰，〔宋〕裴骃集解：《史记》点校本，第3452页，中华书局，2018年。

② 孙机：《中国古典服丛考》（增订本），第139页，文物出版社，2001年。

图 3-11　明代张懋墓出土深衣
湖北武穴（原广济县）明代张懋夫妇合葬墓出土一批丝绸衣物，张懋尸体身穿七层丝绸衣服，保存完好，其中就有深衣一套。

深衣。湖北武穴明代张懋夫妇墓就出土过明代的深衣，保持完好。说明在当时民间对于深衣仍很有好感，推崇深衣的人，也还是存在的。他们喜欢深衣的寓意的美好愿望，他们以穿深衣来表现他们的理想追求，无私、规范、公平、正直。服饰从来就是与礼仪联系在一起的，服饰礼仪不仅仅体现人与人的等级，更表现出和谐、共荣的礼仪文明。

第四章 褒衣博带

——魏晋风度与服饰

魏晋南北朝所处的时代，决定了时代审美倾向与服饰的特点。即使是生命是短暂的一瞬，也要让它迸发出光彩，释放出辉煌。魏晋六朝人追求个性的解放，不掩饰自己的情怀，探究生活的价值，不在乎是否拥有。给他点光彩，就要还你一个灿烂。因此服饰上体现出自由与奔放的飘逸之感、洒脱之态、个性之魅，最具代表性的时代风尚就是褒衣博带。

一、褒衣博带成时尚

褒衣博带是魏晋六朝服饰最显著的特点，就是宽松的大袍衫与长长的腰带[1]，后世对于魏晋六朝则以"褒衣博带"来概括。

魏晋六朝时期男子服装有衫、袄、襦、裤、袍，其中长衫最具时代性。《宋书·徐湛之传》记载："初，高祖微时，贫陋过甚，尝自往新洲伐荻，有纳布衫袄等衣，皆敬皇后手自作。高祖既贵，以此衣付公主，曰：后世若有骄奢不节者，可以此衣示之[2]。"衫指短袖单衣。夏天人们为了凉快，喜穿半袖衫。宽大的衫子成为魏晋六朝时期最具个性化的服饰，以嵇康、阮籍为代表的竹林七贤就好穿宽大的衫子。竹林七贤基本上都做过官，但是他们"越名教而任自然"，放弃官职，甘于做山野之人，抚琴长啸，寄情山林。他们穿的服饰不是官服，而是百姓的服饰。宽大的衫子，飘逸的风度，正是他们蔑视权贵、鄙视世俗、纵情山水、精神奔放的最好写照。

宽大的服饰就是褒衣博带，由于不受礼教束缚，魏晋六朝

---

[1] 赵超：《霓裳羽衣——古代服饰文化》，第109页，江苏古籍出版社，2002年。

[2] 〔梁〕沈约撰：《宋书》点校本，第1844页，中华书局，2017年。

图 4-1　魏晋六朝服饰"褒衣博带"

男子追求个性，又兼有服用五石散的习惯，身体发热，穿宽博的服饰舒服，由此成为时尚，以致整个社会都流行起大袖翩翩、宽博的衫子。褒衣博带是以为病态美而歪打正着的服饰时尚，其背后是"嗑药"的痛苦。

时期的人们服饰日趋宽大，不仅在朝官员的官服褒衣博带，当时的裙子下长曳地，形制宽广；文人、庶民的服饰同样追求褒衣博带的宽大、飘逸之风，《宋书·周朗传》云："凡一袖之大，足断为两，一裾之长，可分为二[1]。"衣裳宽大程度是原来衣裳的两倍。上有喜好，下必效仿，魏晋六朝的社会追求飘逸之美，宽衣大袖是时代的潮流，社会的时尚。

　　魏晋六朝时期何以出现服饰趋向宽大的风格？魏晋六朝时期玄学盛行，重清谈，人们吃药成风，服用五石散。服了药物，体内热量散发不出去，皮肤干燥，与衣服摩擦，容易溃烂，必须穿着宽大的衣裳，以避免皮肤磨破。鲁迅先生《魏晋风度及

---

[1]　〔梁〕沈约撰：《宋书》点校本，第 2098 页，中华书局，2017 年。

图 4-2　竹林七贤砖刻画

江苏南京西善桥南朝墓出土。砖刻画南、北壁中共出现八人，除了嵇康、阮籍、山涛、王戎、阮咸、刘伶、向秀等竹林七贤，还有荣启期（传说中春秋时期孔子遇到的一名隐士）。砖刻中人物都穿宽衫，袒胸，七人赤足，一人散发，三人梳发髻，四人着巾子，一派饮酒时肆意酣畅的神态。

文章与药及酒之关系》文章中一针见血地指出，服了五石散后，"全身发烧，发烧之后又发冷。普通发冷宜多穿衣，吃热的东西。但吃药后的发冷刚刚要相反：衣少，冷食，以冷水浇身。倘穿衣多而食热物，那就非死不可。因此五石散一名寒食散。只有一样不必冷吃的，就是酒。吃了散之后，衣服要脱掉，用冷水浇身；吃冷东西；饮热酒。这样看起来，五石散吃的人多，穿厚衣的人就少；比方在广东提倡，一年以后，穿西装的人就没有了。因为皮肉发烧之故，不能穿窄衣。为预防皮肤被衣服擦伤，就非穿宽大的衣服不可。现在有许多人以为晋人轻裘缓带，宽衣，在当时是人们高逸的表现，其实不知他们是吃药的缘故。一班名人都吃药，穿的衣都宽大，于是不吃药的也跟着名人，把衣服宽大起来了①"。宽衫固然是个性的表现，本质上则是糟

① 鲁迅：《鲁迅全集》第 3 卷，第 507—508 页，人民文学出版社，1991 年。

糕的身体与病态的审美追求。

换言之，外在的条件，主要是身体的因素，必须"褒衣博带"。魏晋六朝服饰的飘逸，并非仅仅为了表现仙风道骨，而是有自己的苦衷，是不得已而为之的，歪打正着，形成了飘逸洒脱的服饰风尚。后人推崇魏晋六朝人纵情豁达，服饰上有飘逸之美，却没有窥见他们不得已的苦衷——身体的疾病与精神的痛楚。

图4-3　竹林七贤之山涛

唐代孙位《高逸图》中人物，穿宽衫子、戴巾子，或戴小冠，与南京西善桥出土竹林七贤砖刻画人物服饰一致。

二、衣服长短随时易

《晋书·五行志上》记载了魏晋六朝时期服饰长短的变化。"（东吴）孙休后，衣服之制上长下短，又积领五六而裳居一二。干宝曰：'上饶奢，下俭逼，上有余下不足之妖也'。……（西晋）武帝泰始初，衣服上俭下丰，着衣皆厌腰。此君衰弱，臣放纵，下掩上之象也。至元康末，妇人出两裆，加乎交领之上，此内出外也。"……东晋元帝太兴中，"是时，为衣者又上短，带才至于掖，着帽者又以带缚项。下逼上，上无地也[1]。"这段

---

[1]　〔唐〕房玄龄等撰：《晋书》点校本，第823页、第825页、第826页，中华书局，2010年。

话的意思是说：三国时吴国孙休以来，衣服流行上长下短，领子的长占五六分，下裳才占一二分。晋武帝时，衣服又流行上面短小，下面宽大。晋元帝时，又改衣服上身更小，上衣至腋下。

可见东吴时期已经出现了上衣长而下裳短的情况，后来时尚潮流又出现"上俭下丰"的趋向。到了晋元帝时期，时尚潮流又发生变化，上衣长落伍了，恢复到东吴时的上衣短状况。时尚就是这样，反反复复，它不停歇，总是向前走，只是时尚潮流也是轮回的，向前走，走了一段之后，打个旋儿，继续往前走，又转个圈，如此反复，若干年后，人们忽然发现，时尚又回到了从前。当然，魏晋六朝衣服的长短变化，也受到时代

图 4-4　孙吴青瓷坐榻俑
江苏南京江宁上坊东吴墓出土。2005 年 11 月发掘，又称上坊东吴大墓，是中国发现规模最大、结构最为复杂、出土瓷器最多的大型东吴砖式墓葬。目前墓主身份不明，但被确定为帝王级别，推测是孙策父亲孙坚陵或孙权之孙孙皓陵。东吴未有服饰实物、绘画，此时期的陶俑服饰则可以与文献记录服饰相互勘照。

因素的影响。衣裳的长短变化还有实用性的考虑，为了行动的方便，因为在东晋初年百姓迁徙频繁，士卒作战奔走，衣服长短也是出于迁徙、战斗的需要。

对于衣服长短的变化，东晋葛洪说："丧乱以来，事物屡变，冠履衣服，袖袂财制，日月改易，无复一定，乍长乍短，一广一狭，忽高忽卑，或粗或细，所饰无常，以同为快。其好事者，朝夕放（仿）效，所谓京华贵大眉，远方皆半额也[①]。"时局变化，族群迁徙，工作需

图4-5 顾恺之《列女仁智图卷·曹僖负羁妻》中官员（故宫博物院藏）顾恺之的原作已佚失，现在保存的是北宋时期的摹本。图中官员穿宽博的大袖衫，与魏晋时期褒衣博带服饰风格吻合。

要，都影响着六朝时期衣服长短的变化，但是对于衣服时尚美的追求，即便在动荡的时代，也依然存在，美是关不住的春光，总会"一枝红杏出墙来"。

东吴到东晋衣服长短的变易，也有审美观点变化而导致的因素。因为这个时期的人们，奢侈享乐风气很盛，必然影响服装款式的变化。这与前述魏晋时期"褒衣博带"又有关联了，因为在晋元帝时，衣裳流行上短下长潮流之后，《晋书·五行

[①]　〔东晋〕葛洪著，张松辉、张景译注：《抱朴子外篇》，第568页，中华书局，2013年。

图 4-6　魏晋贵族与侍从
顾恺之《洛神赋图卷》中人物，贵族戴卷梁冠穿大袖衫，侍从戴笼冠穿
衫子。

志》记载：晋代末年，衣服又变得宽松博大，也就是"褒衣博带"
的形式。褒衣博带是为了美，体现翩翩风度；衣服变短也是为
了美，显得干练利索。

　　耕作的农夫，从事体力的劳动者工作时以短衣长裤为主，
腿部裹带，那是为了劳作的需要。休息时，短衣长裤也不受欢迎，
他们也有宽大的衫子，喜欢宽松的衫子。

　　一件衣服，就这样被魏晋人玩赏着，他们从衣服的变化中，
展示他们的艺术才能，体现他们的审美情趣。他们在玩中释放
情绪，抒发情感，创造美丽。不必说魏晋时期人们思想的豁达

奔放，不必说嵇康在生死关头仍然可以淡定地弹奏一曲《广陵散》，不必说王羲之书法的飘逸，不必说谢安淝水之战的镇定自若，单说魏晋时期人们的服饰，其洒脱飘逸的风格，同样折射出这一时期崇尚个性自由、生活多姿多彩的光辉。

三、北方裤褶成为时尚之服

魏晋时期的服饰，大体上沿袭秦汉旧制。中原地区的服饰，在原有基础上吸纳了北方游牧民族的服饰特点，衣服裁制的更加紧身，更加适体。传统的服饰样式逐渐消失。而被称为胡服的西北游牧民族服饰，逐渐成为社会上的普遍装束。男子首服，以幅巾为主，其风气的始于汉末，王公名士以礼冠为累赘，纷纷摘冠戴巾，以幅巾扎发，头部的紧坠感一扫而空，风气沿袭到魏晋，也可以视为魏晋"越名教而任自然"名士风气的发端。

魏晋南北朝是民族大融合时期，南北朝文化交流频繁，互相影响。北方的服饰影响着南方，尤其是经过北魏孝文帝的改革，以汉服取代胡服，说汉话，原本是鲜卑族建立的北魏完成了汉化的改革，其官职、文化都与汉民族相同。同样，北方游牧民族的服饰也影响着南方的汉族。来自于北方游牧民族的褶裤，随着南北民族的交融，在魏晋时期进入汉民族服饰之中。南方的汉人也开始穿着裤褶服，先是成为军戎之服，后来推广到社会，成为男女共用的服饰款式。

东晋以降，江左士庶皆服裤褶，《晋书·郭璞传》记载：郭璞"中兴初行经越城，间遇一人，呼其姓名，因以裤褶遗之①”。裤褶在东晋时不仅作为军服广泛使用，而且也作为私居时的服饰和急装，并为百姓与帝王所采用。

裤褶服不是魏晋南北朝才有的服饰形制，早在战国时期，赵武灵王服饰改革，倡导"胡服骑射"，汉民族就开始向游牧民族学习、借鉴服饰。"汉魏之际，军旅数起，上褶下裤，服之者多，于是始有裤褶之名②。"

北方各游牧民族从事畜牧生活，习于骑马，涉水草，所以他们的衣着大多以衣裤为主，即上身着褶，下身着裤，称之为"裤褶服"。《急就篇》云："褶为重衣之最在上者也，其形若袍，短身而广袖，一曰左衽之袍也。"《说文》亦作左衽袍。左衽的衣式，为其他民族衣式的特点，汉族则为右衽之式③。

裤褶以其轻便简捷的特点成为军中将士的主要服装。《南齐书·王奂传》载，齐武帝"以行北诸戎士卒多褴褛，送裤褶三千具，令奂分赋之④"。除将士外，王公大臣以及妇女都有穿裤褶者，可见这一服装样式在六朝时期是比较流行的⑤。

裤褶日后亦为汉族所采用。周锡保先生认为："当时其形式必然是既取其长，而又使其符合于汉族的特点，即采取其广袖与改为大口裤的形式。这样既可权做常服用而又可以作为急装戎服用，其式样当亦改为右衽⑥。"

魏晋南北朝时期的裤分为小口裤和大口裤两种，穿大口裤

① 〔唐〕房玄龄等撰：《晋书》点校本，第1909—1910页，中华书局，2010年。
② 张承宗：《六朝民俗》，第57页，南京出版社，2004年。
③ 周锡保：《中国古代服饰史》，第130页，中国戏剧出版社，1986年。
④ 〔梁〕萧子显撰：《南齐书》点校本，第849页，中华书局，2007年。
⑤ 许辉、李天石编著：《六朝文化概论》，第337页，南京出版社，2004年。
⑥ 周锡保：《中国古代服饰史》，第130页，中国戏剧出版社，1986年。

图4-7 魏晋大袖宽衫展示
图（摘自《中国历代服饰》）
根据魏晋壁画及卷轴画复
原。褒衣博带即宽袖衫、
宽大腰带是魏晋时期服饰
的显著特点，不仅男子如
此，女子也有大袖衫。大
袖衫的影响波及隋唐宋明
时期。

图4-8　西晋穿大袖衫男
子陶俑
河南洛阳晋墓出土。大衫
翩翩，飘逸潇洒，显示出
穿着者的不落俗的高雅姿
态，服饰、妆容是魏晋时
期名士的派头，除了率性
而动的行为，还必须有高
齿屐、宽袖衫的配套才能
衬托出来。

行动不方便，就用三尺长的锦带将裤管束缚，称为缚裤①。大口裤的缚裤与小口裤的裤褶都属是当时时髦的服饰，《南史·齐本纪》记载，齐昏侯将裤褶作为常服穿。对于裤褶的形制，沈从文先生认为："基本样式，必包括大、小袖子长可齐膝的衫或袄，膝部加缚的大小口裤。而于上身衫子内（或外）加罩裲裆②。以笔者陋见，加裲裆的裤褶仍然属于戎服，其风格是北朝服饰，裤褶进入南朝之后，由戎服到常服，遍及社会，已经不再加裲裆（裲裆的形制最初就是铠甲），南朝的裤分为大小口裤管，大口裤是缚裤，小口裤是裤褶。

裤褶与大袖衫是两种风格，裤褶裤管小口，紧身；大袖衫袖口、衫身，宽大。这两种服饰魏晋时期很受欢迎，并迅速流行起来，成为当时的时尚。宽松与紧身，两种不同风格的服饰何以成为一种风尚？因为需要不同，审美情趣不同，裤褶主要用于军事上的侦查、格斗等活动，属于军戎之服；裤褶的流变是先戎服后便服，即由军事上的作训服，演变成人们的日常生活服。战争创造了一种新款服饰，生活又将其实用性、便捷性改良，推广，服务于生活。在战争频仍，政权更替，生命脆弱的时代，局势稍微稳定下来，生活仍要继续，讲究安适，享乐又成为人们的追求，大袖衫满足了魏晋时期人们对时尚需求的审美体验，也是生命价值的升华。

---

① 黄能馥、陈娟娟：《中国服装史》，第128页，中国旅游出版社，1995年。
② 沈从文：《中国古代服饰研究》增订本，第186—187页，上海书店出版社，1997年。

四、男人以穿女服为时尚

男扮女样，在戏曲中普遍，京剧中的旦角并不都是女子出演，很长一段时间都是男子反串，民国时期的四大名旦梅兰芳、荀慧生、尚小云、程砚秋，以及四小名旦，个个都是须眉男儿，而且梅兰芳等名角的扮相比女人还妩媚。对于戏曲中的男扮女装，并无什么争议。不过，生活中如果男子穿女装，扮女相，说女声，则容易受到非议。

在中国历史上，也曾有过男穿女装的情况。魏晋时期女性妆容的妩媚颇受世人欣赏。受此风影响，有些男子开始以穿女服为时尚。《宋书·五行志一》载："魏尚书何晏服女人之衣[①]。"至南朝梁、陈时，更多男子效仿女性妆饰、穿着，"熏衣剃面，傅粉施朱"，举止渐为女性化。甚至北朝也深受影响，如《北齐书·元韶传》称文宣帝"剃韶须髯，加以粉黛，衣妇人服以自随[②]"。同时豪富之家蓄养娈童之风盛行。这些风气在当时被视为时髦、时尚，进而影响到服饰。

从魏晋的政治恐怖，到六朝的人生无常，生与死都是痛苦，因此魏晋六朝人在这样的政治环境下，把生死放置一旁，开始放纵，追求个性的解放，追求及时行乐。贵族人家，纨绔子弟，经济上富足，不再满足于传统的饮酒作诗，他们要拥有快乐每一天，爱惜自己，那就先把自己整得美一点。《宋书·范晔传》曰："乐器服玩，并皆珍丽，妓妾亦盛饰[③]。"

《颜氏家训·涉务篇》说："梁世士大夫，皆尚褒衣博带，

---

① 〔梁〕沈约撰：《宋书》点校本，第886页，中华书局，2017年。
② 〔唐〕李百药撰：《北齐书》点校本，第388页，中华书局，2008年。
③ 〔梁〕沈约撰：《宋书》点校本，第1829页，中华书局，2017年。

大冠高履，出则车舆，入则扶侍，郊郭之内，无乘马者[①]。"戴大冠，穿大袖衫，足登高履，好不威风。如果服饰仅仅这样穿，并无不妥。贵族子弟偏不这样，效仿女子，出门要化妆，涂脂抹粉不再是女性的专利，他们有的是钱，有的是时间，有的是爱美扮美的想法，《颜氏家训·勉学篇》说："梁朝全盛之时，贵游子弟……无不熏衣剃面，傅粉施朱，驾长檐车，跟高齿屐[②]。"他们爱上了化妆，习惯于修饰妆容，于是乎，魏晋六朝时期的男子出现了两极分化，一类生活精致，涂脂抹粉；另一类放荡形骸，或者迷上杯中物，或者吸食五石散，袒胸露怀，又或抚琴寻找知音，又或啸叫狂妄，以白眼视人。

平民服饰如果严格区分，有两个阶层——士与庶。未出仕为官的读书人，是士，也属于民。当年诸葛亮隐居南阳卧龙岗，自耕自足，纵论天下形势，期待明主，其身份是百姓。中国儒家穷则独善其身，也就是诸葛亮躬耕隆中的情形，其穿着属于平民服饰；一旦出仕，达者兼济天下，那么其服饰也变为官服。还有一种纯粹以劳作为生，辛勤耕耘在田间的民，在城镇就是居民，他们身着平民服饰。陶渊明代表的隐士"归去来兮"辞官为民，隐居山林，是平民中的异类，《宋书·陶潜传》记载："值其酒熟，取头上葛巾漉酒，毕，还复着之[③]。"陶渊明脱下头巾来漉酒（过滤酒中杂质），漉完酒，又将头巾戴在头上，拎起他的酒葫芦，慢悠悠地走了，若无其事，旁若无人。大概没有哪个诗人会有他这样的潇洒，陶渊明头上戴的巾，就是魏

---

① 〔北齐〕颜之推撰：《颜氏家训》，第 25 页，上海古籍出版社，1992 年。
② 同上书，第 13 页。
③ 〔梁〕沈约撰：《宋书》点校本，第 2288 页，中华书局，2017 年。

晋时期隐士的头巾①。

平民的服饰也分为两种，前面说的褒衣博带其实是士的燕居之服。魏晋时期，为便于劳作，基层劳动人民的服饰以瘦、窄、短为特点，从出土的文物、壁画来审视农民、牧民、屠夫、杂役等人群的服饰，不论男女，其服装主要上身窄袖短衫，袖长至腕，衣长则至膝盖；下身穿裤。

五、北魏孝文帝服饰改革

在魏晋南北朝时期有一项政治变革，对于服饰的影响尤其重要，不可不提，这就是北魏孝文帝改革。

西晋以来，北方游牧民族南下，中原遭遇兵燹，百姓流离失所，"蛮夷入主中原"，游牧民族在中原纷纷建立政权。由此也带来民族的大融合，"有些游牧民族统治者，为了显示统治威力，强行禁止汉族人穿戴汉族衣冠，甚至将违禁的人杀头、车裂以示威。中原人士在淫威之下虽然改穿胡服，但是在结婚的时候，还是要穿上汉族衣冠行礼，可见其渴慕汉代礼仪文化的拳拳之心②"。

鲜卑族拓跋珪建立的北魏，在公元439年太武帝拓跋焘时，统一北方，与南方的刘宋政权对立，形成南北朝对峙的格局。经过文成帝拓跋濬、献文帝拓跋弘、孝文帝拓跋宏的努力，北魏政权向封建化发展。太和十八年（494），北魏孝文帝自平城（今山西大同）迁都洛阳，为了缓和社会矛盾和民族矛盾，

---

① 黄强：《南京历代服饰》，第37页，南京出版社，2016年。
② 赵超：《华夏衣冠五千年》，第90页，中华书局（香港）有限公司，1990年。

限制地方豪强势力，加强中央集权，冯太后、孝文帝先后进行了一系列的改革，统称为孝文帝改革。孝文帝认为鲜卑族只有汉化才能巩固政权，统一南北。于是举国移风易俗，全面推行汉化政策。革鲜卑旧俗，服饰自然不能例外，《资治通鉴·齐纪五》记载"壬寅，诏禁士民禁胡服[①]"，改穿汉人服装，群臣皆服汉魏衣冠，尤其是祭祀之服及朝会之服，几乎完全采用汉魏制度。禁说鲜卑族语言，改说汉语；禁用鲜卑姓氏，改用汉族姓氏。《魏书·咸阳王禧传》记载，孝文帝说："今欲断诸北语，一从正音。年三十已上，习性已久，容或不可卒革。三十以下，见在朝廷之人，语音不听仍旧。若有故为，当降爵黜官[②]。"

孝文帝的改革是北魏政治、经济发展以及鲜卑族进一步封建化的必然结果。鲜卑族用武力征服了汉族及其他游牧民族，马上打天下，马上得天下，但是管理国家，再以马上的方式，就行不通了。孝文帝感觉到鲜卑民族的不足，他的汉化改革，就是要用汉文化来改造鲜卑民族，让鲜卑民族脱胎换骨，强盛国家。

北魏孝文帝的"汉化"改革似乎与战国赵武灵王的"胡服"改革相反，孝文帝改革禁穿胡服，改穿汉人之服。赵武灵王改革改穿胡服，使汉人肢体解放，变得更加灵活，军队战斗力提高[③]。而孝文帝禁穿胡服则是为了汉化的需要，让北魏人民融入华夏民族大家庭，更为重要的是开阔视野，超越自我，丰厚华夏民族的文化与文明，其目的与赵武灵王是一致的，殊途同归。

① 〔宋〕司马光编撰：《资治通鉴》，第 12 册第 140 页，光明日报出版社，2017 年。
② 〔北齐〕魏收撰：《魏书》点校本，第 536 页，中华书局，2013 年。
③ 黄强：《简析中国历史上的服饰变革》，载《金陵老年大学学报文萃》2015 年第 2 期，江苏科学技术出版社，2015 年。

第五章 镜前新梳倭堕髻

——魏晋南北朝的时尚发型

进入夏季，新潮男女款款走过，除了绚丽夺目的服饰，顶上的姿采也不逊色，各种发式摇曳生姿，潮流、时尚、新奇，独领风骚又一年。历史上的南京除了是政治经济文化的中心，也是时尚之都，其服饰、发式等诸多时尚，往往率先在南京诞生，并辐射到周边，影响到全国。欣赏一下六朝时期的奇特发型，感受它的美轮美奂，就知道笔者所说的并非虚言。

一、妇女发式多种多样

六朝时期思想开放，个性彰显，给了六朝女性追求美丽，展示美感，创造美事的空间，无论是宫中的生活，还是民间的交往，都是女性展露风情，制造美丽，吸引眼球的绝好舞台。六朝时期的妇女发式，呈现出花样百出、争奇斗艳、各领风骚的状态。

六朝时的发式有灵蛇髻、缬子髻、倭堕髻、流苏髻、翠眉惊鹤髻、芙蓉髻、飞天髻、回心髻、归真髻、郁葱髻、凌云髻、随云髻、盘桓髻等①。光听到这些发型的名称，或许就能让你萌生出无限的想象，眼前浮现出造型夸张、样式奇异的发式来吧。

倭堕髻由堕马髻演变而来，其形制集发于顶，挽成一发髻，下垂于一侧。《中国衣冠服饰大辞典》引晋代崔豹《古今注》说："堕马髻，今无复作者。倭堕髻，一云堕马之余形。"也就是说，堕马髻到晋代时已经没有了，由堕马髻演变出来的倭堕髻，在此时却取而代之流行起来，可以说是堕马髻的遗形。南朝徐伯阳《日出东南隅》有云："罗敷妆粉能佳丽，镜前新梳倭堕髻。"

---

① 张永宗：《六朝民俗》，第 74 页，南京出版社，2004 年。

倭堕髻在年轻妇女中间比较盛行，其形制还延续到隋唐以后，其俗不衰。

缬子髻形制为编发为环，以色带束之。这种发髻系内宫女性创制，并逐渐普及于民间。《晋书·五行志》记载："惠帝元康中，妇人之饰有五兵佩，又以金银玳瑁之属，为斧钺戈戟，以当笄。……是时妇人结发者既成，以缯急束其环，名曰撷子髻。始自中宫，天下化之。其后贾后废害太子之应也[①]。"这段话说的是当时女性发簪做成兵器状或者发簪上饰有兵器纹样，以这种发簪来束发。《搜神记》作者干宝认为这种发簪是不祥征兆，后来贾后废太子，即是其应验。《搜神记》也说："晋时，妇人结发者，既成，以缯急束其环，名曰缬子髻。始自宫中，天下翕然化之也[②]。"干宝说的谶兆只是当时的一种传闻，不可相信，但是此发簪是客观存在，并且成为当时一种颇为流行的发簪。而说缬子髻由贾后创制，多不可信，其创制者应当是为贾后以及嫔妃们梳理服务的劳动者——宫女们。

螺髻也称螺蛳髻，形制如螺壳而得名。初为孩童发式，后为女性发型。《中国衣冠服饰大辞典》引五代《中华古今注》记载："童子结发，亦谓螺结，言其形似螺壳，"唐代以后，螺髻为成年妇女采用。北朝因迷信佛教，据传说，佛发多作绀青色，长一丈二，向右萦旋，作成螺形，因流行螺髻，不少人把头发梳成种种螺式髻。麦积山塑像、河南龙门、巩县北魏北齐石刻进香人宫廷妇女头上，即有这种螺髻[③]。

① 〔唐〕房玄龄等撰：《晋书》点校本，第824页，中华书局，2010年。
② 马银琴译注：《搜神记》，第177—178页，中华书局，2012年。
③ 沈从文：《中国历代服饰研究》（增订本），第63页，上海书店出版社，1997年。

图 5-1　南朝高髻俑（南京六朝博物馆藏，黄强摄）
南朝流行高髻，形式多样，造型夸张，不仅有想象，也付之于实践。那时候没有金属网罩，更没有发笄，把发型梳理得高耸，非常不容易。

图 5-2　双环髻
《洛神赋图》高髻造型，魏晋时期的双环髻也有两种造型，一种在头顶上端形成高耸的双环；还有一种在耳后形成两个下垂的双环。

　　盘桓髻形制为梳挽时将发掠至头顶，合为一束，盘旋成髻，远望如层层叠云。始于汉代，盛行于六朝，沿袭至隋唐，其造型独特，非常美观。

　　相对于世俗社会，宫廷也是一个社会，在"宫门不闭不复开"的宫廷里，宫女对服饰、化妆、发式都有特别的兴趣、特别的关注，乃至对眉式、发型都有独特的创造。

　　晋代的妃嫔行礼时流行梳理太平髻。《晋书·舆服志》记载："贵人、贵嫔、夫人助蚕，服纯缥为上与下，皆深衣制。太平髻，七镊蔽髻，黑玳瑁，又加簪珥。"又"长公主、公主见会，太平髻，七镊蔽髻。其长公主得有步摇，皆有簪珥，衣服同制"[1]。

──────────

① 〔唐〕房玄龄等撰：《晋书》点校本，第774页，中华书局，2010年。

图 5-3　陈文帝侍女双鬟髻
两位侍女的发髻也有区别，
双髻垂于耳旁，一种形成双
环状，一种没有双环。笔者
觉得双鬟髻与双环髻是有别
的，有环圈的是双环髻，没
有环圈的是双鬟髻。

　　宋文帝时宫娥创制了飞天髻，形制为梳挽时将发掠至头顶，
分成数股，每股弯成圆环，直耸于上。这种高髻，后来由宫廷
流传到民间，成为社会流行的一种发髻。

　　梁武帝天监年间在宫女中流行回心髻、归真髻、郁葱髻。
回心髻形制为发盘旋于顶，呈高耸状。郁葱髻，形制推测为发
成蓬松形，如树木郁郁葱葱状①。此外，梁代的宫中还创制出秦
罗髻、罗光髻，陈代宫中创制出随云髻。

　　阎立本《历代帝王图·陈文帝像》中，陈文帝旁边的两个

---

①　黄强：《南京历代服饰》，第 41 页，南京出版社，2016 年。

图 5-4　南朝梳鸦髻妇女陶俑

江苏南京市西善桥墓出土。鸦髻在南朝发髻中算得上高大的，造型很夸张。考古人员认为这个鸦髻是残品，顶端不是尖状，而是连接在一起的，其髻应该比现存的陶俑还要高大。由于至今尚未发现第二件完整的鸦髻陶俑，故无法准确复原造型。

侍女，着宽袖衣，下束裙，作双鬟髻。双鬟髻在造型上也有区别，双鬟虽然同垂于耳旁，但是形态上有所变化，一是头上有两个发髻，鬓角垂发形成两股辫发；另一种头上无发髻，鬓角形成一块垂于耳旁[1]。

不仅服饰对阶层、年龄有区别，发式同样可以区别不同年龄段的群体。虽然没有服饰区别那么严格，但是大致上可以分别出少女、成年、老年。过去在一些地区，不同的发式还有未婚与已婚的区别。

少女发髻中有双髻和发覆额的造型。左思《娇女》云："我家有娇女，皎皎颇白晳。……鬓发覆广额，双耳似连璧。"陈后主《三艳诗》也云："小妇初两髻，含娇新脸红。"双髻形制梳理时由正中分发，将头发分成两股，先在头顶两侧各扎一结，然后将余发弯成环状，并将发梢编入耳后发内[2]。

两丸髻，又称丸髻，一种圆形发髻，形制梳理成两个，左右各一，形似小丸，故名。《世说新语》佚文记述过这种发髻："王昙首年十四五……作两丸髻，着袴褶，骑马往土山。"

---

① 周锡保：《中国古代服饰史》，第 165 页，中国戏剧出版社，1986 年。
② 周汛、高春明：《中国衣冠服饰大辞典》，第 226 页，上海辞书出版社，1996 年。

二、高髻流行遍及民间

自两晋以来，南方妇女的发式就渐趋高大，女性以高大发髻为美。《晋书·五行志》记载："太元中，公主妇女必缓鬓倾髻，以为盛饰。用发既多，不可恒戴，乃先于木及笼上装之，名曰假髻。至于贫家，不能自办，自号无头，就人借头①。"妇女头发梳理的发髻，

图 5-5　魏晋女子发髻
顾恺之《列女传图》中的发髻造型，梳理的大髻尚存汉代露髻式，与倭堕髻类似。

如果达不到社会时尚推崇的高耸发髻，女性就借助木笼，做成高大的假发髻。按照周锡保先生的说法：这种假发、假髻、借头相当于今天戏剧中套在木头上的"假头套"，但是比假头套要高大②。

晋代就流行过一种高大的发髻——飞天髻，《宋书·五行志》："宋文帝元嘉六年，民间妇人结发者，三分发，抽其鬟直向上，谓之飞天纟介。始自东府，流被民庶③。"周锡保先生认为"此像虽出自北方，当是受南族的影响所及④"。庾信《春赋》

---

① 〔唐〕房玄龄等撰：《晋书》点校本，第826页，中华书局，2010年。
② 周锡保：《中国古代服饰史》，第156页，中国戏剧出版社，1986年。
③ 〔梁〕沈约撰：《宋书》点校本，第890页，中华书局，2017年。
④ 周锡保：《中国古代服饰史》，第163页，中国戏剧出版社，1986年。

图5-6 梳飞天髻的飞天

河南县南北朝墓出土壁画。此处为道教的飞仙，与敦煌唐代时期的飞天形象，虽一为道教，一为佛教，但有着异曲同工之妙。

图5-7 灵蛇髻

元代卫九鼎《洛神赋》局部。灵蛇髻始于三国时期，传说为魏文帝皇后甄氏创制。甄后观察绿蛇盘形而得到启发。后来的飞天髻，便由灵蛇髻演变而来。

有云："钗朵多而讶重，髻鬟高而畏风。"高大的发髻在头顶上形成一个巨大的盘结，高耸，造型奇特，而且在头上顶一个巨大的发髻，可以衬托出身材的修长，有很强烈的视觉效果。从服饰的流变来说，清代旗女头梳奄拉翅发型，形成高峨的发髻造型，脚蹬花盆地鞋子，显示出穿着者的亭亭玉立，笔者以为从产生的造型效果与视角冲击来看，两者是相同的。是否可以推测满族旗人的奄拉翅发型，曾经受到过六朝飞天高髻的影响。类似的高大发型在如今的一些发型秀场也是可以看到的。

灵蛇髻也是颇受晋代女性追捧的一种高髻。从东晋顾恺之《洛神赋图》中，我们看到梳理灵蛇髻要将发掠至头顶，编成一股、双股或多股，然后盘成各种环形。因为发式扭转自如，如同游蛇蜿蜒，蟠曲灵动，故名。后来的飞天髻，便由灵蛇髻演变而来。

芙蓉髻形制为集发于顶，编发为圆髻，上插簪钗即五色花钿，因形似芙蓉（荷花）得名。南朝无名氏《读曲歌》："花钗芙蓉髻，双鬓如浮云。"

顾恺之的另一名作《女史箴图》，不仅描绘出当时汉族贵妇的时尚服装，对流行发髻也有所表现。在这幅名作中，我们可以找到至少两种发髻。一种是梳高髻，头上戴金枝花钗；穿广袖襦，拖地高裙，腰间有腰袄，绅带长垂。另一种是梳双堕髻，顶插金枝花钗，穿襦衫；下着红双裙，系于衣外，绅带长垂①。

六朝时期发髻保留下的

图 5-8　南朝梳丫髻的侍女
集发于上，编为小髻，直竖于头顶，因其形制似树枝丫杈，故名丫髻。又有两角丫髻、双髻丫、丫角等名称。是魏晋南北朝时期民间流行的高髻之一。民间没有财力、精力等条件来完成复杂高髻的塑造，只能做相对简单的丫髻、双环髻等。

实物至今没有见到，但是这一时期出土的陶俑、画像砖，记录了发髻的形制，对我们了解六朝发髻非常有帮助。

在南京地区出土的一些南朝陶俑中，我们可以看到当时发髻流行的状况。幕府山出土的南朝女俑穿窄袖长方领紧身短衫，长裙，头上梳着十字大髻加巾子②。而西善桥出土的六朝墓陶俑，身穿交领宽袖连衣裙，头上做鸦鬓高髻。一则说明六朝时期南

① 黄能馥、陈娟娟：《中国服装史》，第135页，中国旅游出版社，1995年。
② 同上书，第134页。

京地区出现过高髻，人们使用的频率比例高；二则说明当时女子发髻中流行过十字大髻和鸦鬟高髻等几种发型。

三、步摇名称及其形制

六朝时期发髻上的装饰物有步摇、花钿、簪、钗、镊子。簪钗之物，贵族妇女用金、玉、翡翠、玳瑁、琥珀、珠宝等材质，贫者用银、铜、骨之类的材质①。

步摇，这个名称对于我们今天的读者来说有点陌生，但是在汉魏六朝，以及隋唐时期，却是女性最为时尚的一种发饰，如同今日的品牌包包、精致首饰、名牌香水，是六朝时期时髦女性的时尚之物。

晋代傅玄《有女篇》云："头安金步摇，耳系明月珰。珠环约素腕，翠羽垂鲜光。"那么究竟什么是步摇呢？《古今事物考》解释："尧舜以铜为笄，舜加首饰，杂以象牙、玳瑁为之。文王髻上加珠翠翘花，傅之铅粉。其高髻名凤髻，加之步步而摇，故以步摇名之。又《释名》云：首饰、副。其上有垂珠。步则摇也②。"说明了步摇名称的来源，以及戴上这种高发髻走动时的效果，发髻颤动（摇动），一步一摇，颇为形象。

戴步摇具有一步一颤的动态，以及由此伴生的媚态，美感，因此受到古人的推崇，所谓步步莲花，步步摇曳，步步媚态，步步风情。梁时的范靖妇在《咏步摇花》中说："珠花萦翡翠，宝叶间金琼。剪荷不似制，为花如自生。低枝拂绣领，微步动

---

① 周锡保：《中国古代服饰史》，第 157 页，中国戏剧出版社，1986 年。
② 王三聘辑：《古今事物考》，第 125 页，上海书店，1987 年。

图 5-9　步摇

东晋顾恺之《列女传图》局部。步摇的装饰性远胜于实用性，一步一颤，
一步一摇，追求的是步步摇曳的姿态。

瑶瑛。但令云髻插，蛾眉本易成[1]。"

　　步摇不是魏晋时期才出现的产物。史籍记载，东汉时期就
出现了步摇。《后汉书·舆服志》记载了步摇的形制："以黄
金为山题，贯白珠为桂枝相缪，一爵九华，熊、虎、赤罴、天鹿、
辟邪、南山丰大特六兽，《诗》所谓'副笄六珈'者。诸爵兽
皆以翡翠为毛羽，金题，白珠珰，绕以翡翠为华[2]。"也就是说
步摇的基座，一般为动物造型，在基座上插入桂枝，配上叶子

---

① 周锡保：《中国古代服饰史》，第 156 页，中国戏剧出版社，1986 年。
② 〔宋〕范晔撰，〔唐〕李贤等注：《后汉书》点校本，第 3676—3678 页，
　中华书局，2018 年。

图 5-10　西晋鹿首金步摇冠（内蒙古博物院藏）
内蒙古包头达茂旗西河子窖藏出土，高 18.2 厘米，
宽 12 厘米。鹿首造型，面庞瘦长，双竖耳。顶部
饰伸出三支主干的鹿角，每枝杈上坠一片桃形金叶。
鹿之面庞、耳及角的枝杈上均饰细密的联珠纹，形
成用于镶嵌的凹坑，内嵌白、蓝色料石。

和花朵，有顶上开花的感觉[1]。魏晋时期流行步摇，贵族妇女都
以顶戴步摇为荣，摇曳生姿的姿态、仪容，与魏晋个性彰显、
突出才情的时代风尚吻合。根据顾恺之《女史箴图》中步摇的
形象，可以看出步摇皆以两件为一套，垂直地插在发前。底部
有基座，其上伸出弯曲的枝条，有些枝条还栖息着小鸟。

———————————

[1]　孙机：《中国圣火》，第 87 页，辽宁教育出版社，1996 年。

步摇出现于东汉，盛行于魏晋六朝，流传至隋唐五代。步摇不仅受到汉族女性的欢迎，也传布到少数民族地区，受到当地妇女的青睐。

四、男子的发式

在中国古代社会，男性占统治地位，在漫长的封建社会，男子的服饰远远胜于女子服饰，无论是质地，还是款式，以及形制，男服都比女服要丰富、华贵。红色、绯色、紫色、绿色等鲜艳的色彩，曾经是男服的主要色彩，官服以品色（服色）来区别品秩的高低。男服中的佩饰，装饰就更多，以及围绕服饰的官靴、官帽，无一不体现色彩的变化，色彩的等差。

六朝时期的服饰，男服仍然比女服复杂、讲究、艳丽，但是六朝时期的男子的发式远不如女子发式多样化。男子发式主要有永嘉老姥髻、解散髻、双丫髻等。

永嘉老姥髻，相传始于晋代永嘉年间而得名。梁代陶弘景《冥通记》记载："从者十二人，二人提裾，作两髻，髻如永嘉老姥髻①。"此髻宽根垂到额前。

解散髻，《南史》也作解散帻，一种用于儒生的发髻。在南朝时颇为流行，朝野上下，竞相效仿，此髻相传为南朝王俭所创②。

应该说这两种男子的发髻，都表现出了洒脱、飘逸的风格，这与当时社会玄学盛行、崇尚清谈，服饰推重"褒衣博带"的

---

① 周汛、高春明：《中国衣冠服饰大辞典》，第335页，上海辞书出版社，1996年。
② 同上书，第336页。

风尚是一致的。

双丫髻本是小孩梳理的发型，但是在六朝时期的晋朝，为了表示不受世俗礼教约束，成人也有梳双丫髻的，《竹林七贤砖刻画》中王戎就梳了双丫髻这种发髻。

大概是因为男人外出多戴帽子，做官的上朝必须穿朝服，官帽与朝服搭配，六朝的男子对服装讲究，对发式倒是疏于讲究。

六朝是个社会动荡的时期，面对短促的生命，人们迸发出对生命凋零的无奈，以及渴望生命的强烈欲望，因此六朝时人性得以解放，思想得以解放。表现为对物欲享受的追求，及时行乐。生命诚可贵，自由价更高。对容貌美的欣赏，对人的个性、风度的推崇，使六朝的服饰文化以及服饰的表现，得以超水平地发挥。

第六章 江州司马青衫湿

——隋唐品色制度

中国服饰具有"别等级、明贵贱"的作用。古诗对此也有说明："满朝朱紫贵，尽是读书人。""遍身罗绮者，不是养蚕人。"穿什么衣代表着不同的阶级，不同的身份。罗绮是服饰的面料，朱紫则是服色，封建社会在衣裳的面料和服装的服色上就划定了阶层与职别。

一、百官服色阶官之品

中国历史进入隋唐，封建社会在唐玄宗开元天宝年间达到巅峰，经历安史之乱后，则由巅峰下降。从社会的总体情况来说，唐代是一个强盛的朝代，也是一个社会开放、万邦朝贺的时代。它与汉代同为中华民族鼎盛的两个时代，并以其前所未有的辉煌与繁荣开创了中国历史的新纪元。

隋唐时期的官服品种较多，《新唐书·车服志》说："群臣之服二十有一[①]。"隋唐官服分为朝服、常服、公服和章服。而影响最为深远的有两点：一是以服饰的颜色标官品等级，始于隋唐。二是以禽兽分别官职大小，始于唐代，这就是后来明清时期官员补服的滥觞。

隋唐时期，把颜色施之于官服上，并按色区别等级，形成了官服品色制度。元人马端临《文献通考》曰："用紫、青、绿为命服，昉于隋炀帝而制遂定于唐。"《资治通鉴》曰：大业六年（610）十二月，"上以百官从驾皆服袴褶，于军旅间不便，是岁，始诏从驾涉远者，文武官皆戎衣。五品以上，通着紫袍；

---

① 〔宋〕欧阳修、宋祁撰：《新唐书》点校本，第519页，中华书局，2017年。

图 6-1 穿红色官服的唐代礼宾官员（唐代阎立本《步辇图》局部）

贞观十五年，唐太宗李世民接见迎娶文成公主的吐蕃使者禄东赞，画面左边站立三人，红衣虬髯的是宫廷礼宾官员，着红色官服。

六品以下，兼用绯绿；胥史以青，庶人以白，屠商以皂，士卒以黄①。"柳诒徵《中国文化史》也认为："衣服之制，别之以色，则起于隋②。"以服色标识官员品级高低，也是由隋唐开始。

朱熹说："今之上领公服，乃夷狄之戎服，自五胡之末流入中国，至隋炀帝巡游无度，乃令百官戎服以从驾，而以紫、绯、绿三色为九品之列③。"说明公服之形制，本为北方游牧民族的戎装。以服色分别官职大小系隋炀帝时期所为。《唐会要》卷三十一记载："贞观四年八月十四日，诏曰：'冠冕制度，以备令文，寻常服饰，未为差等。于是三品已上服紫，四品五品已上服绯，六品七品以绿，八品九品以青。妇人从夫之色。仍通服黄。'至五年八月十一日，敕七品以上，服龟甲双巨十花绫，其色绿。九品以上，服丝布及杂小绫，其色青④。"

① 〔宋〕司马光编撰：《资治通鉴》，第 15 册第 268 页，光明日报出版社，2017 年。
② 柳诒徵：《中国文化史》，第 450 页，中国大百科全书出版社，1988 年。
③ 转引自周锡保：《中国古代服饰史》，第 174 页，中国戏剧出版社，1986 年。
④ 〔宋〕王溥撰：《唐会要》，第 569 页，中华书局，2017 年。

图6-2　唐代圆领袍服展示图（摘自《中国历代服饰》）

根据唐代绘画与陶俑绘制。绿色袍属于低级官员的服色。

　　常服在袍上饰有不同的图案，以此来区别官职尊卑。常服古名宴服，隋朝初年，隋文帝上朝穿赭黄文绫袍、乌纱帽、折上巾、六合靴。朝中显贵大臣所穿常服与隋文帝相同，区别仅仅在腰带，皇帝腰带有十三环。唐初因沿袭隋制，唐高祖李渊常服为赭黄袍巾，官员品秩高低也在腰带上，金镑带属于一、二品官员，犀牛带是六品以上所用，七至九品官员只准用银饰带，平民百姓只有铁质腰带可用。

　　武则天延载元年（694）赐文武三品以上、左右监门卫将军等袍上饰以一对狮子，左右卫饰以麒麟，左右武威卫饰以一对老虎，左右豹韬卫饰以豹，左右鹰扬卫饰以鹰，左右玉铃卫饰以对鹘，左右金吾卫饰以对豸，诸王饰以盘龙和鹿，宰相饰以凤池，尚书饰以对雁。唐代的做法影响到明清时期官服以补子绣禽绣兽来区别文官武将及品秩高低的做法。

　　章服因官员赏穿绯色、紫色袍服者，必须佩带鱼袋而得名。

唐代的鱼袋用来装鱼符的，鱼符分左右两块，左右相合成合符，官员需要随身携带鱼符，左者进，右者出，类似印信、通行证的作用。永徽二年（651）规定穿绯色袍的五品以上官员随身鱼银袋，穿紫色袍三品以上官员金饰袋；咸亨三年（672）五品以上改为赐新鱼袋，并饰以银。

唐代区别官职高低还有其他标识。唐初沿袭隋制，天子用黄袍及衫。《旧唐书·舆服志》《新唐书·车服志》记载：唐高祖以赫黄袍巾带为常服，其带用金𫓧、犀、银、铁带来分别。后因天子用赤黄袍衫，于是遂禁臣民服用赤黄之色。并定亲王等及三品以上服大科绫罗紫色袍衫，带饰用玉；五品以上服朱色小科绫罗袍，带饰用金；六品以上服黄丝布交梭双𬮱绫；六品七品用绿，带饰用银；九品用青，饰以鍮。至唐太宗时命七品服绿色，九品服青丝布杂绫。

唐贞观间又定三品服紫，金玉带𫓧十三；四品用绯，金带𫓧十一；五品用浅绯，金带𫓧十；六品服深绿、七品服浅绿，银带𫓧九；八品用深青、九品用浅青，鍮石带𫓧八；流外官及庶人用黄，铜铁带𫓧七。

高宗龙朔二年（662）改八品九品着碧。总章元年（668）始定一切不得入黄。上元元年（674）八月，唐高宗下诏完善服色制度，明令："文武三品已上服紫、金玉带十三𫓧，四品服深绯、金带十一𫓧，五品服浅绯、金带十𫓧，六品服深绿、七品服浅绿、并银带九𫓧，八品服深青、九品服浅青，并鍮石带、九𫓧，庶人服黄铜铁带、七𫓧[①]。"这是从𫓧（腰带上的装饰品）上分别品官的等级。睿宗文明元年（684）诏，八品以下旧服青者，

① 〔宋〕王溥撰：《唐会要》，第569页，中华书局，2017年。

图 6-3　五代《韩熙载夜宴图》局部（故宫博物院藏）
南唐画家顾闳中绘，现存为宋摹本，绢本设色，宽 28.7 厘米，长 335.5
厘米。《韩熙载夜宴图》描绘了官员韩熙载家设夜宴载歌行乐的场面。
仕女的素妆艳服与男宾的红色官服、青黑色衣衫形成鲜明对照。

改为碧。

　　上述服色，其间虽然时有变更，但是大体以紫、绯、绿、
青四色定官品之高低尊卑。白居易《故衫》诗云："暗淡绯衫
称老身，半披半曳出朱门。"《琵琶行》诗又云："座中泣下
谁最多，江州司马青衫湿"，白居易被贬官江州司马，是八品
级别的低级官员，穿青色袍。明白了官服品级的服色，就很容
易理解诗歌中所涉及的官阶、官袍的服色。

二、借服与借色

　　品官服饰制度出台后，官服制度化，程序化，有了标准可依，
看服色以及配饰，就知道官员职位的高低，拜见上司，同级互访，
接见下级，这样就有礼法可依。官场的等级差别与礼仪形式，

严格而规范。没有规矩就没有方圆，有了尺度，参照执行。

想当年，汉高祖刘邦一介匹夫，打下了大汉的天下，他开始不懂礼仪，不晓得程式规范，被一个老儒生演绎出来的一套宫廷礼仪打开眼界，他接受了文武百官的礼拜，感受到了天子至高无上的权力与被顶礼膜拜的尊贵。汉官威仪就这样诞生了，并影响着后面的朝代。

有制度，讲规范当然好，官员们各在其位，各谋其政。不过对于低品秩的官员来说，就不是那么好的感觉了。他要礼见大人打躬作揖，他要对上司表现自己的恭谦。假若出使，代表着国家，按照外交制度，低级官员见对方高品级官员，自然也要行礼，这对于使者来说就有些不便了。于是就出台了借服、借色方法。

《唐会要》卷三十一记载："增秩赐金紫，虽有故事，如观察使奏刺史善状，并须指事而言，不得虚为文饰。其诸道副使判官，如事绩尤异，然后许奏论。惟副使行军，先着绿便许赐绯。其余不在此限者，诸使奏请，或资品尚浅，即请章服。或赐绯未几，又请赐紫。准令，入仕十六考职事官、散官皆至五品，始许着绯；三十考职事官四品，散官三品，然后许衣紫。除台省清要，牧守常典，自今已后，请约官品为例。判官上检校五品者，虽欠阶考，量许奏绯。副使行军，俱官至侍御史已上者，纵阶考未至，亦许奏绯。如已检校四品官，兼中丞，先赐绯。经三周年已上者，兼许奏紫。其有职事尤异，关钱谷者，须指事上言。监察已下，量与减年限，进改殿中已上，然后可许赐章服。公事寻常者，不在奏限[①]。"

---

① 〔宋〕王溥撰：《唐会要》，第 572 页，中华书局，2017 年。

服饰制度明确了官员品级与服色、配饰的关系。但是对于特殊情况也有特别的对待，即执行特殊任务时，官员的品级不够，经过批准，可以穿高一级官员的服饰（色），比如三品以下官员穿三品的紫色袍，五品以下穿五品的绯色袍，俗称借服或借色，即只是借用，临时穿着。等到任务完成之后，如果官员的品级没有提升，仍然穿回原有品级的官服。

借用三品官服的"借紫"始于武周时期。左羽林大将军建昌王武攸宁借紫衫金带，官员借紫从这时期开始①。

官员"借绯"始于唐玄宗开元时期，规定都督刺史可借用绯色袍与鱼袋，洪迈《容斋随笔》记载："唐宣宗重惜服章，牛丛自司勋外郎为睦州刺史，上赐之紫。丛既谢，前言曰：'臣所服绯，刺史所借也。'上遽曰：'且赐绯。'然则唐制借服色得于君前服之。国朝之制，到阙则不许②。"借服、借色还是要有条件的，不是说官员为了面子，就可以穿高一级官员的服色，这是不能任性的。制度就是规定，身在官场必须执行，这种借服只是为了工作的便利，执行特别任务时经过批准才可以的。

唐代只有两种情况，文臣可以借服：第一种入幕使，作为外交使臣出使，低品级官员可以穿三品的绯，五品的紫袍。提高他们的地位，乃是提升国家的形象；第二种都督或刺史中官职较低者，即低职高就，可以借穿绯袍。《唐会要》卷三十一："旧制，凡授都督刺史，皆未及五品者，并听着绯佩鱼，离任则停之③。"低品级的官，做了五品的都督刺史，其品级尚

---

① 李怡：《唐代文官服饰文化研究》，第145页，知识产权出版社，2008年。
② 王同书校订：《菜根谭 容斋随笔》，第368页，南京大学出版社，1994年。
③ 〔宋〕王溥撰：《唐会要》，第571页，中华书局，2017年。

未得到提升，可能还是六品、七品，但是其职务又是都督刺史，于是允许他们穿五品官的绯袍。离任后服饰"打回原形"，不能穿绯袍，除非这位官员升迁了，达到了五品。

白居易有《行次夏口先寄李大夫》诗，末尾有两句："假着绯袍君莫笑，恩深始得向忠州。"做了忠州刺史，虽然按照品级还不能穿绯袍，但因为是刺史官职，得到皇上的隆恩，享受了赐绯的待遇，可以向亲友炫耀一下了。诗句将借绯官员的心态表现得很贴切。

三、品官服制维持到明清

品官之服出台之后，对于后世官服影响甚大。隋唐以降，各朝的官服都遵循唐制，以服色区别官秩高低。

宋太祖赵匡胤陈桥兵变，黄袍加身，取代后周，建立宋朝。宋代服饰承袭唐朝，制订了上自皇帝、太子、诸王以及文武大臣，各级官员的服饰制度。按照服饰的不同用途，宋代官服分为祭服（祭祀服）、朝服（也叫具服，朝会

图 6-4　宋代大袖襕袍展脚幞头展示图（摘自《中国历代服饰》）

大袖衫、幞头是宋代官员的标准服饰，幞头虽然不创制于宋代，但定型、发展、鼎盛于宋代，是宋代时代特征明显的代表性服饰品种。绿色袍服表明这是低品秩官员的服饰。

时服饰）、公服（又称从省服、常服）、时服（按时令穿戴）、戎服（军服）和丧服（参加丧葬礼仪服饰）。

宋代的公服（常服）沿袭唐代风格，曲领（圆领）窄袖、下裾加横襕，腰间束以革带，头上戴幞头，脚蹬黑色靴或黑色革履。宋代还没有明清时期的补服，不能以补子区别官秩高低，仍然以服色区别。《宋史·舆服志》规定：宋代品官公服"宋因唐制，三品以上服紫，五品以上服朱，七品以上服绿，九品以上服青"。到了元丰间服色略有更改，去青不用，四品以上服紫，六品以上服绯，九品以上服绿[①]。紫有油紫、北紫之分。油紫色重而近乎黑，仁宗后期以重色紫为贵，即油紫。时有染工自南方来，以山樊叶染紫以成黝，即是此色。北紫极鲜明，与绛色（大赤曰绛）极相近。南宋以后以赤紫为北紫，为御所尚，因而臣僚们无敢以此色为衫袍者[②]。

再就是佩戴的鱼袋，即用金、银制成的鱼形，系挂在公服的革带间而垂之于后，用来分别官职的高低。凡是佩戴金、银鱼袋服饰的称之为章服。在宋代，官员们以赐金紫、银绯鱼袋为荣。所谓赐金紫，就是佩金饰的鱼袋和着紫色的公服；银绯就是佩银饰的鱼袋和着绯色的公服。宋代官服制度中还有一种借紫与借绯的特殊情况，即按照官员品级，只能穿本品级的官服，够不上穿高级别的紫色公服、绯色公服，但是在外出当节镇或奉使的官职时，可借用紫色公服。

革带也是区别宋代官员品级高下的一个标识。大致上，皇帝及皇太子用玉带，大臣用金带，依次是金镀银带、银带，以

---

① 〔元〕脱脱等撰：《宋史》，第3561页、第3562页，中华书局，2017年。
② 周锡保：《中国古代服饰史》，第258页，中国戏剧出版社，1986年。

及铜带、铁带、犀角带、黑玉带等。宋代官服制度规定：犀带钅夸只有品级官员才能使用，未入流的官吏不能使用犀带钅夸；玉带钅夸只能在穿朝服时佩戴；通犀钅夸需要特旨才能束用；宋太宗时以金带钅夸为贵。带钅夸的形状与雕饰也有差别：玉带钅夸作方形而密排者，称之为排方玉带，只限于帝王束用。太平兴国七年（982）规定：三品以上服玉带，四品以上服金带，五品六品服银钅夸镀金带，七品以上未参官及内职武官服银钅夸带，八品九品以上服黑银带，其他未入流的官员服黑银方团钅夸及犀角带，贡士及胥吏、工商、庶人服铁角带。

　　与北宋同时期的辽代常服五品以上服紫袍，六品以下绯衣，八品九品绿袍。

　　明清时期出现了补服，在官服的前胸和后背处有一块方形的图案，依据文职武将分为禽与兽的动物纹样，以补子图案来

图 6-5　朱元璋与大臣
（摘自《中国历代服饰集萃》）
依据明代服饰制度绘制的图像，朱元璋穿明黄色龙袍，官员着朱色、青色袍服，品级按照服色不同而高低不同。

图 6-6 明代官员徐如珂像（南京博物院藏）
清代舒时贞绘，绢本设色。徐如珂在天启朝官至南京工部右侍郎，因触怒魏忠贤而被削籍回归故里（今江苏吴县）。

区别官员的品级。官服以服色区别品秩高低仍然存在，但不在官员常服（补服）上体现，而在官员的公服上表现。明洪武二十六年（1393）规定：公服衣用盘领右衽袍，袖宽三尺。一品至四品绯袍，五品至七品青袍，八品九品绿袍[①]。紫绯为高品级官员服色，青绿为低品级官员服色。这是从隋唐品官制度开始就延续下来的。

概括起来，品官制度来源于上古的颜色崇拜，颜色崇拜的最大作用是"表贵贱，辨等别"，虽然说单一颜色崇尚自汉代以后基本就不存在了[②]，但是颜色的表贵贱作用却一直持续到清王朝的终结。大体上黄色为最高统治者专用，非特许不可擅用，朱紫之色为尊，因此有"满朝朱紫贵"之说；青色为低级官员所用，所以"座中泣下谁最多，江州司马青衫湿"；白色、黑色为平民、小吏所用，因而百姓称为"白衣"，小吏称为"皂吏"，等等。

---

① 周锡保：《中国古代服饰史》，第 379 页，中国戏剧出版社，1986 年。
② 黄强：《中国古代颜色崇尚略说》，刊《江苏教育学院学报》1991 年第 2 期。

第七章 红裙妒杀石榴花

——唐代的女裙

唐代是中国民族大融合的鼎盛时期，唐代文化兼容并蓄，广纳各民族之精华，呈现出开放、包容、博大的特质，因此唐代也是中国服饰尤其是妇女服饰发展的一个高峰。由于织造工艺的发展，唐代的服装质地优良、纹样多样、色彩艳丽，展现出崭新的风貌。

唐代妇女服饰基本构建，初期沿袭隋朝，妇女日常穿戴大都上身着襦、袄、衫、帔，下身束裙子。《中华古今注》记载："隋大业中炀帝制五色夹缬花罗裙，以赐宫人及百僚母妻，又制单丝罗以为花笼裙①。"唐人小说《仙传拾遗》中有"着黄罗银泥裙，五晕罗银泥衫子，单丝红地银泥帔子，盖益都之盛服也"。

可以说裙子、袄、衫是唐代妇女的常用之服。

裙子在唐时穿着范围很广，普及率甚高，不仅皇室成员穿着，民间妇女也穿裙子。我们从《簪花仕女图》《虢国夫人游春图》等绘画以及历史文献记载中，都可以看出裙子在唐代服饰中的重要作用，犹如我们现在的裤子、外褂。

裙，汉代刘熙《释名》："裙，帬也，连接帬幅也。"唐代刘存《事始》亦曰："裙，古人已有裙八幅直缝乘骑。至唐初，马周以五幅为之，交解裁之，宽于八幅也。"这就是说裙子由五幅、八幅布帛拼制缝

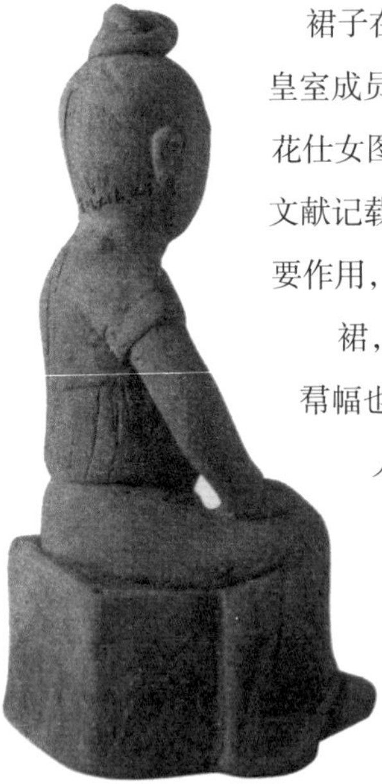

图7-1 唐代穿长裙的陶俑
陶俑尽管比较粗糙，但是线条依然流畅，对于长裙的形制刻画得比较清楚。

①〔五代〕马缟撰，李成甲校点：《中华古今注》，第22页，辽宁教育出版社，1998年。

图7-2　唐代穿长裙的女子

唐阎立本《步辇图》局部。图画中的长裙形制，裙摆覆盖到脚面，名副其实的长裙。

合而成。裙子的穿着起初并不分男女，汉魏时期以前男女均可穿用，以后则主要用于女性。

一、唐代女裙色彩丰富

隋唐时期，裙子非常盛行。其原因有四：裙子宽大，穿戴自由，可以适配多种服饰，这是它的适

图7-3　唐代穿红裙的妇女
周昉《挥扇仕女图》局部。红裙在
唐代以色彩鲜艳著称，特别受到年
轻女性的追捧。

图7-4　唐代穿晕裙的妇女
莫高窟107窟壁画。以晕色织物做
成的裙子，质料通常由两种以上颜
色染成，色彩相间，色彩之间的界
限不是十分明显，过渡自然。

应性；这一时期的女裙，款式甚多，想要什么造型，就有什么
造型，这是它的多样性；裙摆随风飘动，有飘逸之感，这是它
的美丽性；裙子款式多，染纺工艺也达到了对染色的随心所欲，
色彩丰富，这是裙子的色彩艳丽性。

　　唐代女裙的颜色以红、紫、黄、绿为多，女性多喜欢色彩
浓艳的裙子，其中红色尤其受到追逐时尚的女性青睐。唐诗有
大量的诗句记录了这种流行时尚。

　　眉黛夺将萱草色，红裙妒杀石榴花。（万楚《五日观妓》）

郁金香汗裛歌巾，山石榴花染舞裙。（白居易《卢侍御小妓乞诗》）

樱桃花，一枝两枝千万朵。花砖曾立摘花人，窣破罗裙红似火。（元稹《樱桃花》）

越女红裙湿，燕姬翠黛秋。（杜甫《陪诸贵公子丈八沟携妓纳凉晚际遇雨》）

红色裙子之中，以石榴红裙在唐代最为流行。石榴裙以石榴花练染而成，呈现大红色。五代以后石榴裙曾经一度被冷落，至明清时期再度流行，并且一直沿用到近代。

以茜草染色而成茜裙，因为色彩鲜艳，在唐代也受到年轻妇女的喜爱，"黄陵庙前莎草春，黄陵女儿茜裙新。"（李群玉《黄陵庙》）

色呈绯色红，裙状如荷叶，色泽鲜艳，恰似出水芙蓉的裙子称为芙蓉裙，又称荷裙。李商隐《无题》诗中有："八岁偷照镜，长眉已能画。十岁去踏青，芙蓉作裙衩。"

色泽鲜艳的绿色裙子有翡翠裙、翠裙，前者色泽碧如翡翠，后者碧如翠羽。唐人戎昱《送零陵妓》诗曰："宝钿香蛾翡翠裙，妆成掩泣欲行云。"

天宝年间，妇女则更爱穿黄色的裙

图 7-5 唐代穿百褶裙的妇女
所谓百褶，言其裙褶多之意。

子，大概是因为受杨贵妃爱穿黄罗银泥裙的影响吧。张籍"银泥裙映锦障泥"说的就是银泥裙。此外，绛裙、白裙、碧裙也有一定的市场，王涯《宫词》有曰："春深欲取黄金粉，绕树宫娥着绛裙。"元稹《白衣裳》："藕丝衫子柳花裙，空着沉香慢火熏。"卢仝《感秋别怨》亦曰："莫似湘妃泪，斑斑点翠裙。"

唐代女裙色彩丰富，除了红色、黄色、绛色、白色以外，绿色、翠色也被大胆采用，例如碧裙、翠裙、柳花裙等。杜甫诗"蔓草见罗裙"，王昌龄诗"荷叶罗裙一色裁"，所咏的均为绿裙。可以想象亭亭玉立的少女，腰系红色的石榴裙，或者碧绿罗裙，款款而行，风姿绰约，真是一幅精妙的画卷。

二、唐代女裙长且肥

由于唐代女子着装习惯将衫子下襟束在裙腰里边，下可曳地，所以，唐代女裙显得很长。"裙拖六幅湘江水，鬓耸巫山一段云"，作者李群玉以湘水比喻裙子的长度，极言其长。湘裙是一种长裙，唐代的裙子中专门有长裙这种形制，下可曳地，最长者拖地尺余。孟浩然《春情》有道"坐时衣带萦纤草，行即裙裾扫落梅"，这类长裙的样式在唐代画家周昉的经典之作《簪花仕女图》《纨女仕女图》中均有反映。《簪花仕女图》中的贵族妇女"身上穿着锦绣织品制作的长裙，裙子用锦带束在胸部，宽大的下裾拖曳在地上[1]"。此风在中唐晚期尤盛，至唐文宗时，

---

[1] 赵超：《华夏衣冠五千年》，第132页，中华书局（香港）有限公司，1990年。

曾下令禁止。《新唐书·车服志》记载："妇女裙不过五幅，曳地不过三寸，襦袖不过一尺五寸。……淮南观察使李德裕令管内妇人衣袖四尺者阔一尺五寸，裙曳地四五寸者，减三寸①。"这是关于唐代妇女裙长的记录。唐代的长裙裙身窄且长，多配以短襦，裙腰系得高至胸部，使其身材修长窈窕。中晚唐以后长裙裙腰逐渐系低，裙幅愈来愈宽长。

图 7-6　唐代穿襦裙的妇女
襦本是长不过膝的短衣，所谓襦裙就是襦与裙的结合体。上身如襦，下身是裙。

除了裙长的特点外，唐代女裙还以肥大著称。尤其在盛唐时期。中唐时期的裙子和衣袖比初唐时期要宽出一半，甚至一倍。"唐时裙幅以多为佳，且有作间色者，则天后并在裙四叫缀有十二铃者②"，有的还增加了裙幅，使之既容易折叠又能蓬蓬然。所谓六幅湘裙，一般以六幅布帛缝合而成，有的甚至达七幅或八幅。有的学者推测六幅裙子的周长为3.18米左右，八幅裙子的周长是4.15米左右③，可见比西方宫廷的曳地长裙

① 〔宋〕欧阳修、宋祁撰：《新唐书》点校本，第531—532页，中华书局，2017年。
② 周锡保：《中国古代服饰史》，第196页，中国戏剧出版社，1986年。
③ 《旧唐书·食货志》记载布帛每匹"阔一尺八寸，长四丈，同丈同轨，其事久行"。孙机先生认为，此尺指唐大尺，约合0.295米，因而每幅约合0.53米。六幅裙子周边长约3.18米，七幅约为3.71米。又见孙机：《唐代妇女的服装与化妆》，刊《文物》1984年第4期。

还要肥大。

或许因为裙子极长，裙腰也束得很高，"上端系在乳房上部，胸以下的身体全部为宽裙所笼罩，显得丰硕健美，浑然一体[①]"。从唐代的壁画、陶俑，我们不难看到裙腰半露的装束。唐诗中也有不少这样的诗句："慢束罗裙半露胸。"（周濆《逢邻女》）"粉胸半掩疑晴雪。"（方干《赠美人》）我们有唐代妇女身材亭亭玉立的感觉，其实与裙子的形制有很大关系。

三、唐代女裙品类繁多

唐代女裙的品类也很多，款式多变。从色彩上分有石榴裙、月色裙、碧纱裙、黄罗银泥裙等，从样式上分有条纹裙、金丝裙、金缕裙、芙蓉裙、荷叶裙、六幅罗裙、蝴蝶裙、笼裙、百裥裙、湘裙等，从面料上分有罗裙、矽裙、纱裙等。

条纹裙，以两种以上的颜色布料间隔缝织而成，本是东晋十六国时期的产物。因为条纹可以互相交织，形成多种色彩，唐初兴盛于年轻妇女之中，又称间裙、花间裙。《旧唐书·高宗本纪下》记载："其异色绫锦，并花间裙衣等，糜费既广，俱害女工。天后，我之匹敌，常着七破间裙[②]。"盛唐以后，其制逐渐减少。

湘裙，唐代女裙中的长裙的一种，以六幅布帛为之，长可曳地，又称六幅罗裙。"六幅罗裙窣地，微行曳碧波。"（孙光宪《思帝乡》）

① 赵超：《华夏衣冠五千年》，第132页，中华书局（香港）有限公司，1990年。
② 〔后晋〕刘昫等撰：《旧唐书》点校本，第107页，中华书局，2017年。

图 7-7 唐代穿间
裙的妇女
间裙又称间色裙，
以两种以上颜色的
布条间隔而成，最
早出现在东晋十六
国时期，可以认定
创开始于此时。

图 7-8 唐代穿间
裙的女子
陕西三原焦村唐墓
李寿墓出土壁画。

图 7-9　唐代绛地印花裙
1972 年新疆吐鲁番县阿斯塔那
墓群出土。印有花纹的裙子，
乃称花裙。

图 7-10　唐代宝相花绢褶裙
1972 年新疆吐鲁番县阿斯塔
那墓群出土的唐代丝织品，
此件为裙的残存部分。

　　裥裙，多褶之裙。裙幅的褶子称为"裥"，裥裙即褶裙，"裙儿细裥如眉皱"。百褶裙，通常以数幅布帛为之，周身施裥，多则逾百，少则数十。千褶裙，言其裙褶之多，并非以千幅布帛为之。再就是羊裥裙，以其裙挛缩成羊肠状，俗称羊肠裙。此裙系从敦煌民俗中传入内地的。

　　石榴裙，以石榴花练染而成的大红色裙子，颜色特别鲜艳，并非形制如石榴花。唐代传奇小说《霍小玉传》中就有这样的描写："生忽见玉穗帷之中，容貌妍丽，宛如平生，着石榴裙，紫裼裆，红绿帔子。"石榴裙以色彩取胜，鲜明夺目。石榴裙穿在霍小玉身上，衬托出她的惊世之美。石榴裙在唐代妇女中颇为盛行。唐诗中有许多诗句吟咏，如"桃花马上石榴裙""石榴裙裾蛱蝶飞"等。

　　绣有蝴蝶图案的叫蛱蝶裙，绣有簇蝶花图案的簇蝶裙，装饰有小团花图的叫钿头裙，饰有珍珠的名真珠裙，以金绣边织造的称金缕裙，以晕色织物做成的为晕裙。此外还有百裥裙（又

图 7-11　隋代短襦长裙披帛女服穿戴展示图（摘自《中国历代服饰》）

隋代及初唐时期，妇女大多上身穿短襦，披帛披在上身，下身着紧身长裙，裙腰高系，在腰部以上或系在腋下，并以丝带系扎。

名百叠裙）、金丝裙。李贺《兰香神女庙》有"吹箫饮酒醉，结绶金丝裙"。

　　唐代裙子的分类，只是依据某一方面的特点，两者之间也有交叉，如笼裙，形如桶，通常以轻薄纱罗为之。瑟瑟罗裙，以罗制成，呈碧绿色。

　　唐代女裙中还有以毛线或彩锦织成的裙子，如织成裙、金缕裙、百鸟毛裙。最令人称奇的就是百鸟毛裙。《朝野佥载》卷三记载："安乐公主造百鸟毛裙，以后百官百姓家效之。山林奇禽异兽，搜山满谷，扫地无遗。"安乐公主系唐中宗与韦后所生，个性放纵，生活骄奢。她穿的这种裙子的奇异之处在于能变色。《新唐书·五行志一》记载："正视为一色，旁视为一色，日中为一色，影中为一色，而百鸟之状皆见[1]。"

① 〔宋〕欧阳修、宋祁撰：《新唐书》点校本，第 878 页，中华书局，2017 年。

以金装饰的裙子，叫金缕裙，一般以柔软的丝织物为之，上以金线盘成花样，或镶以金边。唐人郑蒉《才鬼记·韦氏子》云："韦搜衣笥，尽施僧矣，惟余一金缕裙。"

唐代女裙的面料选择很广，绫、罗、绸、缎、纱、麻、毛，样样都有，而且注意色彩搭配，可谓五彩缤纷。

唐代的女裙织造，也表现出了很高的工艺水准。例如，唐代可以纺织出几乎透明的薄绢，挂在穹门或佛堂门前，不阻碍光线；无花的薄纱，捏在手上无重量，裁缝成衣服穿上，看上去像披了轻雾[1]。再就是可以用雀鸟毛制作裙子，显然鸟毛不如纺织品那么服帖，但是唐代的工匠能将凌乱的鸟毛梳理平整，并且织成了裙子，在光影下变化色彩，令人叹为观止。唐时的能工巧匠还能用百兽毛织成鞯（鞍垫）面，呈现百兽形状。我们客观地评价，以鸟兽毛纺织制造裙子，可以说体现了唐代织造业的最高工艺水平。

四、唐代女裙的美学价值

虽然说百鸟裙将唐代裙子制造工艺推向顶峰，但却不是社会应该效仿的时尚。对于服饰的美化，李渔的见解非常到位："妇人之衣，不贵精而贵洁，不贵丽而贵雅，不贵与家相称，而贵与貌相宜。绮罗文绣之服，被垢蒙尘，反不若布服之鲜美，所谓贵洁不贵精也[2]。"片面追求裙子服饰的奢华、富贵，并不一定能衬托出穿戴者的高贵。反之，干净清爽，人与服饰相宜，

---

① 范文澜：《中国通史》第 4 册，第 308—309 页，人民出版社，1979 年。
② 〔明〕李渔：《闲情偶寄》，第 143 页，作家出版社，1995 年。

图7-12 隋唐宽袖对襟衫长裙披帛穿戴展示图（摘自《中国历代服饰》）隋唐妇女的日常服饰，大多以上身着襦、袄、衫，下身束裙子。常见高腰襦裙、齐胸襦裙，一条长披帛盘绕于两臂之间，走起路来披帛飘舞。

则可以凸现穿着者的丰姿与气质。

由于国力的强盛，中外文化的交融，唐代对妇女之美不仅要求"窈窕、秀丽、素雅、纤巧"，还要体现"英武、丰硕、健康"的时代风尚，因此唐代的绘画、陶俑中所见妇女形象个个体态丰满，面如满月，精神焕发[1]。后人称唐代以肥为美，这里的"肥"是指丰腴、丰满，以健康为基调，而不是肥胖、臃肿之病态。唐人的"肥"表现在身体上是体格健壮、肌肤光洁。因此唐人敢于穿裸露服装，袒胸露背，无所顾忌。

我们回头审视唐代女裙时，会惊奇地发现唐代妇女已经善于运用服饰的掩盖功能，懂得服饰的装饰效果，以裙子展现女性的身体曲线之美、肌肤的细腻之感、神情的妩媚之态，难怪女裙在唐代妇女中非常流行。

---

[1] 介眉编著：《昭陵唐人服饰》，第14页，三秦出版社，1990年。

图7-13 张萱《捣练图》中披帛与襦裙（美国波士顿博物馆藏）

绘画表现的是唐代妇女捣练、络线、织修、熨烫等活动的过程。"练"是一种丝织品，刚刚织成时质地坚硬，必须经过沸煮、漂白，再用杵捣，才能变得柔软洁白。画中人物脸型丰满，设色工丽。捣练的妇女着披帛和襦裙，说明披帛、襦裙都是唐代女性的常服。

图7-14 隋唐袒领半臂襦裙穿戴展示图（摘自《中国历代服饰》）

内穿窄袖短襦，外罩半臂低胸袒露领，下穿襦裙。陕西西安王家村出土的唐代三彩俑就有襦裙、袒领、窄袖短襦的形象。

第八章　薄罗衫子透肌肤

——唐代的透视装

夏季透视装大行其道，尤其是时髦女性喜欢穿，一则透气凉爽，二则赚足眼球，回头率高。几年前女星袁立参加电影华表奖颁奖，穿着一套透视装款款而行，尽管引来争议，却也赚足了人气。

其实具有朦胧之美的透视装，并非现在才有，早在一千多年前的唐代就已发明，并风靡一时。今日的时尚，乃是过去的历史，风流、风情尽在透视装中。

唐代前期妇女服装，主要有裙、衫、帔子三种，下身束裙。上穿小袖短襦，下着紧身长裙，裙腰束至腋下，中用绸带系之。以后数百年间，虽屡经变化，但始终保持这个基本样式。对于唐人的透视装，我们可以通过周昉的《簪花仕女图》认识唐代女性的服饰类别与搭配方式。由于唐代社会风气开放，国力强盛，大唐丰硕蓬勃的风气也贯穿在服饰文化之中，洋溢着迸发的活力。

一、唐代流行透视装

唐代服饰具有开放性的特点，其表现形式为袒露装的流行。唐代还流行透视装，与如今影星喜爱穿透视装，社会流行透视装，遥相呼应。

这与唐代社会开放有极大的关系。向达先生指出："天宝乱后，回鹘留长安者常千人，九姓商胡冒回鹘名杂居者又倍之。""唐代流寓长安之西域人，其梗概已约见上述。此辈久居其间，乐不思蜀，遂多娶妻生子，数代而后，华化愈甚，盖即可称之为中国人矣。西域人东来长安，为数既如此之盛，其中自夹有不少之妇女在内，惜尚未发现任何文献，足相证

图 8-1　唐代穿薄罗衫的仕女（周昉《簪花仕女图》局部）
唐代风气开放，女装才能如此大胆，低胸装束现乳沟，薄透纱罗映肌肤，乃是时尚之举，也是时髦之美。不过，唐代女子穿薄罗衫，并非在大庭广众之下，而仅限宫廷、宅院等相对私密的环境中。

图 8-2　唐代透视衫子（周昉《簪花仕女图》局部）
"身轻委回雪，罗薄透凝脂"（白居易《杨柳枝二十韵》），唐代社会风尚以显露肌肤为美，因此唐人服饰有低胸装、袒露领、透视装等。质地轻薄的纺织面料罗的出现，纺织面料罗制作工艺的高超，又推动了透视装的流行。

明①。"开元年间前后，唐代都城长安开始胡化，"此种胡化大率为西域风之好尚：服饰、饮食、宫室、乐舞、绘画，竞事纷泊②"。胡人的服饰影响大唐，唐代流行胡服，许多服装款式来源于胡人、西域。印度因气候酷热而流行"褊衣"服，即一种

---

① 　向达：《唐代长安与西域文明》，第 35 页、第 37—38 页，三联书店，1987 年。
② 　同上书，第 41 页。

图 8-3　唐张萱《虢国夫人游春图》局部
低开领半露酥胸，人物体态丰腴，体现了唐人丰硕肥美的时尚风格。

窄小、洒脱的紧身上衣，类似于西域胡人短襦，很快为唐代妇女所接受，形成裙装中的紧身上衣——襦衫。衫，又叫襦，亦称半臂，是一种领口宽敞、袒露胸部的短上衣。唐代女性不分尊卑，都喜好穿胡服，甚至冲破了"男尊女卑"的封建樊笼，以身着男人衣冠鞋帽为时尚，更进一步完成了从唐初到永徽后的"渐为浅露"的飞跃[①]。

　　在唐代的绘画中，对妇女的开放装束也有许多反映。如张萱、周昉等人的绘画。尤其需要重点提及的是周昉的《簪花仕女图》，所绘妇女皆披帔。透明大衫穿在宫女身上，宛如笼罩了一层轻雾，朦胧中又有那么一份剔透，含而不露，露而不裸，色而不淫。简约造型，东方风韵，尽在仕女簪花之中。如此罕见的新奇装束，

①　黄强：《中国服饰画史》，第 91—92 页，百花文艺出版社，2007 年。

只有在唐代这个开放的社会才会出现。

此外张萱《虢国夫人游春图》中的虢国夫人（杨贵妃之姐），永泰公主墓壁画所绘侍女，韦顼墓所绘贵妇人，懿德太子墓石刻宫廷女官，都袒胸露乳，或特意勾勒出胸部饱满的轮廓。韦洞墓壁画一个少女，身穿罗衫，实即等于半裸。唐人所绘女子形象，双乳微露袒领之外非常普遍，并不稀奇，只是宋元以降，理学盛行，袒露装受到理学家的斥责，才没有了踪影。

唐代内衣的直露，并不仅仅在宫廷中有。社会生活中，开放的女性也借助内衣，来展示曲线的优美，性感的情愫。唐代贵妇人多好披纱，或作内衣，或作外衣披用，犹如蝉翼之透彻底明净而又隐约含蓄，能透出衣裙色彩和女性之体姿，有增美感。

二、绮罗纤缕见肌肤

盛唐时流行薄质的服饰，鲛绡或轻容花纱外衣，披帛也用轻容纱加泥金绘，内衣有的做大撮晕缬团花①。在薄质面料上，注意了装饰。从文献记载上看，主要是织造工艺改进后，面料上已经能做出团花图案。

肌肤在薄透的绣有晕缬团花纱罗下，朦朦胧胧隐约可见，让人浮想联翩。在温泉浸泡中，更是充满着风情诱惑，让人心旌摇荡。白居易《长恨歌》有云：

> 春寒赐浴华清池，温泉水滑洗凝脂。
> 侍儿扶起娇无力，始是新承恩泽时。

---

① 沈从文：《中国古代服饰研究》（增订本），第280页，上海书店出版社，1997年。

云鬓花颜金步摇，芙蓉帐暖度春宵。

白居易《上阳白发人》也云"脸似芙蓉胸似玉"，既夸赞宫女美艳惊人，肌肤细滑，又赞美宫女低胸装的惊鸿一现，夺人眼球，惊人魂魄。元稹《杂忆五首》亦云："忆得双文衫子薄，钿头云映褪红酥。"衫子薄透，可见肌肤。于是到了中唐，就出现了"绮罗纤缕见肌肤"的服装，妇女里面不着内衣，仅以轻纱蔽体，微风掠过，轻纱飘扬，恰似烟云缭绕，薄雾飘浮，美不胜收。这种服装一直流传到五代。

晚唐五代时期的妇女也喜爱着衫，尤其到了夏季，更以穿着宽大衫子为尚。这时期的衫子多以轻如雾縠、薄如蝉翼的纱罗为之，五代和凝《麦秀两歧》诗云"淡黄衫子裁春縠"，南唐后主李煜《长相思》亦云"澹澹衫儿薄薄罗"，咏的就是这样的薄罗衫子。一般来说，妇女穿纱罗制成的衫子，里面往往不再加衬衣，轻薄纱罗面料制成的衫子使得肌肤隐约可见，后蜀花蕊夫人有《宫词》为证："薄罗衫子透肌肤。"

晚唐时期贵族妇女襦袖越来越宽大，并出现了新装——白纱笼袖，即在大袖锦襦内着一层透明的白纱袖，手笼袖内，略见指掌。

唐代之抹胸，可内可外。从薄、透之服中可看见内穿之抹胸，抹胸一抹，春光无限，视觉上的效果特别明显。

如今说什么夺眼球，唐人的低胸装、袒露装、透视装，那才叫吸引眼球，惊心动魄。

唐代宫廷与社会流行透视装，社会风气远及敦煌地区的服饰，在敦煌服饰中也有很多袒露装、透视装。《云谣集·凤归云》："素胸未消残雪，透轻罗。"可见女性衫子之薄透，是可以映出里面的穿戴。轻纱薄透，掩盖不住纱罗下的雪白肌肤、粉嫩的胸脯，朦胧之中现窈窕，欲望的诱惑、激情的澎湃，尽在曼妙薄纱之中。

三、透视装传递健康之美

唐代以肥为美，女性追求体态的丰腴。由于身材丰硕，服装渐趋宽大，外来服饰的轻纱衬映出肌肤若隐若现的朦胧之美，社会为之倾倒。以纱罗作衣料，渐渐融入唐代妇女服饰设计之中，成了惯用的技法，更是唐代妇女服饰的显著特点。

所谓"透"，就是采用一种像蝉翼一样薄的，具有朦朦胧胧、影影绰绰的"半透明"的特殊视觉效果的罗纱来制作衣衫裙裾，借以体现和突出"唐人尚肥"的时代审美趣尚。唐人的丰硕、肥美，是时代的价值取向影响的结果，是盛唐之音在服饰美学上的体现，是蓬勃旺盛的青春与生命，闺中肆外地炫

图8-4 唐张萱《虢国夫人游春图》中贵妇人
"态浓意远淑且真，肌理细腻骨肉匀。绣罗衣裳照暮春，蹙金孔雀银麒麟。"可以将杜甫《丽人行》看成是对《虢国妇人游春图》的解读。

示和张扬。

对于唐人的肥美为尚，以及服饰的宽大、袒露、透视，有人会以为表现的是唐人的慵懒，其实这是一种误解。唐代女性丰腴体格之下，蕴含的是健康的格调，激扬的精神。肥硕是肥美与丰硕的结合，而不是松弛的肥胖，身材的臃肿。身体里流淌的是活力与激情；性感的展露突出的也是健康，以及张扬的个性。她们我行我素，不怕裸露肌肤，不怕凸显丰隆的胸乳，显露是美，绝不掩掩遮遮。她们所要表现的、突出的就是她们健康的身体、光洁润滑的肌肤、"胸前粉占雪"的胸脯，而最能实现她们梦想的就是轻纱蔽体的装束。而且唐代女性并不是把肥美作为唯一要求，她们是在"窈窕、秀丽、素雅、纤巧"的基础之上，再追求一种"英武、丰硕、健康"之美，换言之，除了传统的古典女性之美、阴柔之美，又多了一分率真、丰腴之魅。

纺织面料的科技含量增加，出现了轻薄的面料，才使得唐人透视装有了物质基础。唐代女性服饰偏好采用透明的薄纱为面料。唐代贵族妇女喜欢穿宽大的长裙，裙裾拖曳在地上，上身里面往往不穿内衣，紧着一件薄薄的纱衣，颈部、胸部、手臂的大部分裸露在外[1]，肌肤在透明的薄纱下隐隐绰约。

唐代轻薄的罗纱，薄如蝉翼，在唐时名为"蝉翼纱"和"蝉翼罗"。李贺《石城晓》有云："春帐依微蝉翼罗，横茵突金隐体花。"杜牧《宫词二首》亦云："蝉翼轻绡傅体红，玉肤如醉向春风。"

---

① 赵超：《霓裳羽衣——古代服饰文化》，第178页，江苏古籍出版社，2002年。

以纱罗等薄质面料作为女服的衣料，是唐代服饰中的一个特色。而不着内衣，仅以轻纱蔽体装束，或者说就是内衣外穿，以展示女性肌肤，更是唐代的创举。同时，薄透的纱罗，精致的花纹，鲜艳的色彩，温柔的情调，恰到好处的弧线，衬映出身体姿态的妩媚，气质的典雅。我们看到唐代女性，沐浴在开放的阳光下，内衣即是对身体曲线的释放，也是"女为悦己者容"心迹的表露。因此我们不难看出在一千几百年前的唐代，人们已经意识到服饰的性感作用，唐代女性更是亲身实践，其暴露程度上甚至比现代更具开放性。

图 8-5　唐代大袖对襟纱罗衫长裙披帛穿戴展示图
（摘自《中国历代服饰》）
集唐代女性主要服饰对襟大袖纱罗衫、长裙、披帛于一体，也是唐代贵族女性服饰的标配。纱罗超薄，如蝉翼，几层纱罗之下的衬里服饰图案尚清晰可见。

不过需要指出，唐代女性袒露服饰是在特定场合下穿戴的，例如在宫廷、闺房，并不是走在大街小巷都穿着袒胸装、透视装。我们今天看到的反映唐代女性开放服饰的绘画《簪花仕女图》《虢国夫人游春图》，其实所反映的还是特定的环境——宫廷。即便是宫中贵妃、夫人游春，也依然是经过净场的出行，不会与社会民众混杂。而且，这些绘画是由宫廷御用画家所作，并不一定是生活的百分之百写真，其中有艺术加工的成分。生活中贵妇人出行的服饰，自然要端正、庄严、华贵，又岂能在大庭广众之下展露肌肤？艺术所表现的意境，与现实的真实并不完全是一一对应的。贵妇、宫女确实会有袒胸的服饰，但是并不一定会在踏青郊游时穿戴。同样，在唐诗中有若干记录女性服饰袒露、裸露的诗句，以笔者陋见，也是在特定场合下针对特定人物的艺术描述。

毫不夸张地说，唐代妇女的服装，无论是居家，还是外出装束，都充满着时代的朝气，大唐的气韵。一种丰满而具有青春活力的热情和想象，渗透在唐人服饰之中，唐人内衣之中。盛世气象，开放风尚，活力涌动，生机蓬勃，成为蕴含在唐人服饰中的时代风格。

古代中国女性内衣发展至唐代极盛，唐代女性服饰追求豪华，也讲究个性化，女子内衣以暴露为特色。现代内衣的"薄、透、露"性感元素，其实在唐代就已经产生，今天社会流行的透视装，实乃是唐代透视装的遗风，其开放程度未必比得过唐代。唐代透视装在特定时期，传递出的时代风尚，露而不淫的健康气息，似乎远胜于如今一些矫揉造作的明星的装扮，这是毋庸置疑的。

第九章　女为胡妇学胡装

——唐代胡服的盛行

对于胡服，我们并不陌生，胡服就是流行于胡人社会的服装。所谓"胡"指的是北方少数民族。

唐代开创者李渊便具有胡人血统。唐代说胡人、胡化、胡服、胡舞、胡瓜（黄瓜）、胡琴，都是当时真实情况的反映。

一、唐代的胡化与胡舞之盛行

因为唐朝国力强盛，社会开放，西域少数民族以及波斯等外国人纷纷来到唐代都城长安，这其中包括代表国家的使臣，求学的留学生，来做生意的商人，谋生的艺人，他们停留、居住，甚至在长安娶妻生子。唐代流寓在长安的胡人有数千之多，"久居其间，乐不思蜀，遂多娶妻生子，数代而后，华化愈甚，盖即可称之为中国人矣[①]"。他们带来的本国、本民族文化同样也影响着唐朝的文化，唐朝繁兼收并蓄的包容性，不仅不排斥外来文化，反而广为吸纳。"一切文物亦复不问华夷，兼收并蓄。第七世纪以降之长安，几乎为一国际的都会，各种人民，各种宗教，无不可于长安得之。……异族入居长安者多，于是长安胡化盛极一时[②]。"

唐代士大夫闲暇之时，喜欢观看胡人表演的具有异域风情的舞蹈，这让他们领略到与大唐不同的风格。胡人着胡服跳胡舞，让唐代士大夫大开眼界，不仅音乐美妙，舞姿婆娑，而且服饰别具风格。"此辈舞人率戴胡帽，着窄袖胡衫。帽缀以珠，以便舞时闪烁生光，故云珠帽。兰陵王、拔头诸舞，舞人所着

---

① 向达：《唐代长安与西域文明》，第 37 页，三联书店，1987 年。
② 同上书，第 41 页。

衫后幅拖拽甚长，胡腾舞则舞衣前后上卷，束以上绘葡萄之长带，带至一端下垂，大约使舞时可以飘扬生姿。唐代音声人袖多窄长，为一种波斯风之女服。因衣袖窄长，故舞时必须'拾襟搅袖'，以助回旋。李端诗'帐前跪作本音语，拾襟搅袖为君舞[①'。"

翩翩的胡舞，炫目的美感。文人骚客用他们的生花妙笔描绘舞姿的婀娜，服饰的艳丽。红衫薄锦靴艳，罗衫紫帽绣珠，胡衫袖小帽顶尖，垂带安钿花腰重，各种胡服在诗人笔下一一展示：

金丝蹙雾红衫薄，银蔓垂花紫带长。（张祜《周员外席上观柘枝诗》）

促叠蛮鼍引柘枝，卷檐虚帽带交垂。紫罗衫宛蹲身处，红锦靴柔踏节时。（张祜《观杨瑷柘枝》）

绣帽珠稠缀，香衫袖窄裁。（白居易《柘枝词》）

红蜡烛移桃叶时，紫罗衫动柘枝来。带垂钿袴花腰重，帽转金铃雪面回。（白居易《柘枝妓》）

垂带覆纤腰，安钿当舞眉。（刘禹锡《观舞柘枝》）

鼓催残拍腰身软，汗透罗衫雨点花。（刘禹锡《和乐天柘

图9-1　唐代翻领胡装彩俑
陕西咸阳杨谏臣墓出土。头戴卷沿高顶花锦帽，身穿大花翻领小袖上衣，下着绿色小口裤，脚蹬红色软锦鞋，腰系个贷，上挂鞶囊。大翻领是胡服的典型特点。

---

① 向达：《唐代长安与西域文明》，第65页，三联书店，1987年。

枝诗》）

织成蕃帽虚顶尖，细氎胡衫双袖小。（刘言史《王中丞夜观舞胡腾》）

窄袖缠腕，卷檐虚帽，说的都是胡服、胡帽。诗人们夸赞胡服、胡舞，是对胡舞、胡服、胡化、胡风的欣赏。说明看胡人表演胡舞，欣赏胡服，穿着胡服，成了唐人日常生活中的一个组成。欣赏胡舞，爱屋及乌，也就欣赏胡人，欣赏他们的胡服。胡服就是唐代具有外国风情、少数民族风格的新款服装。唐代的新装、时装不少是西北少数民族或中亚各国乃至波斯的服式，唐代通称"胡服[①]"。唐代的胡服，不单指西域等少数民族的服饰，也包括波斯、阿拉伯等地区大量异国服饰[②]。

图9-2　三彩牵马俑
陕西西安鲜于庭墓出土。
头戴幞头，身穿浅黄色翻领窄袖胡服。

开元、天宝之际，长安、洛阳胡化极盛。元稹《法曲》有云："自从胡骑起烟尘，毛毳腥膻满咸洛。女为胡妇学胡妆，伎进胡音务胡乐。火凤声沉多咽绝，春莺啭罢长萧索。胡音胡骑与胡妆，五十年来竞纷泊。"胡服、胡妆，为一时之盛。丝绸之路加速了纺织品和中外服装样式的交流，丝绸之路引进来

① 段文杰：《段文杰敦煌艺术论文集》，第254页，甘肃人民出版社，1994年。
② 周汛、高春明：《中国古代服饰大观》，第303页，重庆出版社，1996年。

的不只是胡商的会集，而且也带来了异国的礼俗、服装、音乐、美食以至各种宗教，胡酒、胡姬、胡帽、胡乐……是盛极一时的长安风尚。这是空前的中外大交流大融合。无所畏惧、无所顾忌地引进和吸取，无所束缚、无所留恋地创造和革新，打破框框、突破传统，这就是产生文艺上所谓"盛唐之音"的社会氛围和思想基础。……一种丰满的，具有青春活力的热情和想象，渗透在盛唐文艺之中，即使是享乐、颓丧、忧郁、悲伤，也仍然闪烁着青春、自由和欢乐[1]。

鲁迅先生说"唐代大有胡气[2]"，正是这种胡气，给大唐带来了一场文化的交融，一次文化的变革，叩响了时代的最强音——大唐气象，盛唐之音。

二、胡服的特点

从流传至今的唐代壁画、绘画中，我们可以看到当年唐代盛行的胡服形制。唐代墓壁画中人物所着小袖袍，今天看来司空见惯，因为我们现在穿的都是小袖袍，但是在古代，汉人的汉服大都是大袖袍，小袖袍来自北方少数民族。服装的胡化，并非唐代才开始的，战国时期赵武灵王推行"胡服骑射"改革，就采取了便于骑射的胡服[3]。斯坦因在敦煌千佛洞所得唐画，供养女亦着窄袖衫。洛阳龙门唐代诸窟中着窄袖衫之女像甚多，皆胡服也。

胡服与汉服比较，有明显的特点：

---

① 李泽厚：《美的历程》，第126页，文物出版社，1989年。
② 鲁迅：《鲁迅全集》第10卷，第139页，人民文学出版社，1991年。
③ 黄强：《中国内衣史》，第16页，中国纺织出版社，2008年。

第一，胡服穿着便捷，方便骑射。骑兵作战，移动之迅速，打击之有力，都是步兵望尘莫及的。胡服对于骑射正相适应，紧身窄袖，长裤皮靴，十分利索、干练。

沈括《梦溪笔谈》卷一云："中国衣冠，自北齐以来乃全用胡服。窄袖、绯绿短衣，长靿靴，有蹀躞带，皆胡服也。窄袖利于驰射。短衣、长靿靴皆便于涉草。胡人乐茂草，常寝处其间，予使北时皆见之，虽王庭亦在深荐中。予至胡庭日，新雨过，涉草衣袴皆濡，唯胡人都无所沾。带衣所垂蹀躞，盖欲以佩弓箭、帉帨、算囊、刀砺之类①。"沈括的记录概括了胡服的优点：便于骑射，行动方便。南北朝时期的褶裤服是从北方传入南方，并被南方接受的，也有这样优点。汉人服饰大袍宽袖，有飘逸感，家居、上朝都没有什么问题，骑马打仗就显得很累赘。

图 9-3　唐代梳回鹘发髻的回鹘妇女
回鹘即回纥，主要分布在今新疆，在内蒙古、甘肃，以及蒙古和中亚的一些地区也有散居。788 年，回纥改名回鹘，取义为"回旋轻捷如鹘"。

---

① 〔宋〕沈括撰，金良年点校：《梦溪笔谈》，第 3 页，中华书局，2015 年。

图 9-4 唐三彩骆驼载乐俑（中国国家博物馆藏）陕西西安鲜于庭墓出土。由三位胡人、二位汉人组成的乐队。胡人高鼻梁，有西域人相貌特征。头戴幞头，身穿圆领窄袖紧身长袍，下着裤，腰间束带，脚蹬筒靴。

　　第一，胡人本是游牧民族，生活在马背上，惯于骑马射箭。历史上赵武灵王改汉服穿胡服，就是为了强兵强国。北方民族大多以游牧为生，生长在马上，而汉人的宽大袍服，不适于骑马猎击。他们的服装，一般都以皮革制成，袖口窄小，便于保暖，外表光滑，可以防水。汉人的宽大袍服在朝中行礼，礼拜自然有它的好处，威严庄重，但是用于骑射就不适应了。唐代开国的李氏家族原本就有少数民族血统，自然可以接受胡化服饰，而且唐代对外进取的军事、政治活动，也需要能够与之匹配的胡服，因此胡化、胡服的流行，在唐代有其政治、军事的需要。

　　第二，胡服实用、防水，适应北方的自然环境和寒冷气候。塞北气候严寒，胡服小口袖、小口裤、皮靴，便于保暖。北方草原，春来草长，浅没脚踝，夏日草茂，深及膝盖，合袴和皮靴便于在草丛中行走①。

第三，胡服性别差异淡化，男女通用，适用性广。少数民族女着男装比较普遍，如鲜卑长裙帽、合袴、小袖袍等都是男女通用、混穿。"胡服的这一特点，是因为其社会中尚存母系氏族的古风遗朴，妇女社会地位较高，与男子平等，没有男尊女卑的社会风气等原因所造成的②。"笔者认为这是受到生存环境与民族文化的影响。少数民族的物质生产条件匮乏，纺织业无法与汉族相比，服饰男女通用，可以解决纺织物质匮乏的矛盾。茫茫荒漠，戈壁沙滩，人烟稀少，女着男装比女着女装，更便利，更安全。

第四，胡服在干练简洁风格中传递着形象美。胡服以小袖衣袍、长裤、蹀躞带为组合，配以弓箭、佩刀，表现出简洁干练、自然洒脱的风格。他们又喜好绚丽的色彩，服饰色彩丰富。他们动作迅捷，"活脱出骁勇彪悍的形象，浑身透出北方草原健儿浓郁的阳刚之美。这是胡人具有崇尚实际的质朴精神和自由天性的反映③。"

胡服的优势在于有别汉人社会的传统，对于传统服饰等级、男女等级都是一个冲击。唐代社会呈现开放的风格，虽然采用的是汉人的文化，但是又不囿于传统，突破传统，尤其是可以兼收并蓄外来文化，变为适合唐代社会需要的文化与礼仪。因此唐代的胡化盛行，胡服的流行，也是社会的普遍需求和人们生活的需要。别于传统的需要，自然催生出新的价值取向。

---

① 吕一飞：《胡服习俗与隋唐风韵》，第22页，书目文献出版社，1994年。
② 同上书，第37页。
③ 同上。

三、胡服的种类

唐代妇女所穿胡服，通常由锦绣帽、窄袖袍、条纹裤、软锦靴等组成，衣式为对襟、翻领、窄袖，领子、袖口和衣襟等部位多缘以一道宽开的锦边。有的腰间还系有一条革带，即蹀躞带①。在陕西乾县唐代章怀太子墓、永泰公主墓的壁画中皆有这样女性及服饰形象。

小袖衣、靴子对于今天的人们来说，非常熟悉，非常普遍。但是在隋朝以前，中原地区通行的是大袖袍，宽大服饰，褒衣博带，没有小袖、窄袖袍。脚上穿的是木屐、布履，没有靴子。窄袖袍与靴子也都是从北方民族传入的服饰。北方游牧民族生活在马背上，因为气候环境、生活要求，发明了与中原汉民族不同的服饰款式。

图 9-5　于阗花帽俑

河南洛阳龙门定达将军墓出土，戴于阗式花帽子，穿翻领窄袖长袍，系腰带，穿靴。

唐朝流行的小袖袍和靴，来源于北朝，在隋朝和唐朝早期则是最时兴、最通常的服装。上至帝王，下至百官，乃至士族，都经常穿着。皇帝穿袍、靴子上朝视事。大小官员穿袍、靴子出入官府，办理公事，风行一时。陕西历史博物馆收藏的唐墓

① 周汛、高春明：《中国古代服饰大观》，第 303 页，重庆出版社，1996 年。

壁画总量 1000 平方米，这些唐墓壁画的很多人物都穿着小袖袍。李寿墓壁画上，骑马侍卫二人，穿圆领小袖袍、革带、黑靴；骑马仪仗 16 人，皆着圆领小袖袍、革带、小管裤、黑靴；整装侍行侍者 7 人（其中一人为胡人），皆着圆领小袖袍、革带、小管裤；步行仪仗 4 人，列戟侍者 8 人，皆穿小袖袍、革带、黑靴，这是侍卫者的服饰。

李贤墓壁画上的《狩猎出行图》，有 40 多个骑马的狩猎者，簇拥者白马王子纵马驰向猎场，皆着小袖袍（或为圆领，或为翻领）、革带、皮靴。《马球图》上，若干打马球者，多是贵族，奔驰竞技，皆穿小袖袍、革带、小管裤、长靴，这是狩猎和体育运动时所穿的服装，又有仪卫领班一人，着小袖袍、革带、黑靴，殿值官员数人，着圆领或翻领小袖袍、革带、黑靴，这是低、中级官员值班时的服装。又有侏儒一人，圆领小袖袍、革带、黑靴，这是宫中乐伎者的服装。

李重润墓壁画上，有内侍 7 人，皆着圆领小袖袍、革带、黑靴，这是宫中内侍的服装。长安南里王村唐墓的《郊野聚饮图》中有一长案，罗列酒食菜肴，环置三榻，每榻坐 3 人，共 9 人，正在欢畅聚饮，皆穿小袖袍、革带、黑靴，这是一般士庶日常的服装。

至于壁画中各种人物所穿的裤，一般都是小管长裤，这种裤应该就是北朝流行的"合袴"（满裆裤）[1]。

风靡长安并特别受到妇女喜爱的另一种服装款式为翻领小袖长袍，亦是腰束带，下着条纹小口裤，软靴。从唐墓中出土的男性陶俑中可看出，这种服装多为深目高鼻多髯的胡人所穿，

---

[1]　吕一飞：《胡服习俗与隋唐风韵》，第 37 页，书目文献出版社，1994 年。

图9-6 《观鸟捕蝉女侍》局部

唐代章怀太子墓室壁画。唐章怀太子李贤（652—684）系唐高宗第六子，武则天次子。其墓穴有非常丰富的壁画，《观鸟捕蝉女侍》位于墓前室西壁南侧，作于唐睿宗景云二年（711）。三位侍女神态各异，服饰不同，或着圆领长袍，或着襦裙披帛，均梳高髻。穿圆领长袍的侍女，袍内穿裤。

其在长安的流行，显系外来的影响。与圆领窄袖袍服不同的是，翻领袍服多为西域一带的民族所穿，其最先应是兴起于中西亚地区。这种翻领有两式：一是双翻领，一是右翻领。看来翻领服在中亚地区是一种平民服，商人大概亦多着此式服装。

这种服装至魏晋南北朝隋唐时亦流行于西域一带，多见于龟兹、高昌等地石窟壁画上的供养人、乐人甚至身份等级较高的人物身上。西域妇女亦流行此式服装，只不过更加重视装饰效果。

从长安等地出土的壁画及陶俑上看出，初盛唐、中唐男子服装仍旧袭用南北朝以来流行的裤褶服，即上襦下裤、襟袖窄小，而女子服装则呈现一股新气象。现象之一是妇女着短窄袖襦衫或长窄袖襦衫，下着高及腰的长裙，肩上加披帛；现象之二是女着男装。其男装主要有两种款式，一是圆领小袖长袍，二是翻领小袖长袍。两者均是中束带，下露条纹窄腿裤[1]。

圆领小袖长袍的服饰，既为北方西北地区少数民族如高昌、吐谷浑所着，亦流行于中亚地区及波斯一带。《册府元龟》卷九六一记载吐火罗人"着小袖袍，小口衫，大头长裙帽"，波斯国人则是"丈夫剪发，戴白皮帽，贯头衫，两厢延下关之，并有巾帔，缘以织成"。贯头衫其实就是圆领衫，"两厢延下关之"，大概是衣服的下摆不开衩。敦煌莫高窟第45窟有成组的胡商形象，着窄袖袍、贯头衫的亦不少[2]。

南北朝民族的大融合，胡人学习汉民族文化，穿戴汉民族服饰，反过来，汉人也向忽胡人学习，穿戴胡服。南北朝时期服饰已经出现民族交流、融合，到了隋唐时期，长安居住了大量的胡人，以及来至波斯的外国人，民族文化的交流更加频繁。

四、胡帽帷帽及羃䍦

胡服的构成还包括胡帽，即帷帽。唐代刘肃《大唐新语》卷十记载："武德、贞观之代，宫人骑马者，依《周礼》旧仪，

---

① 韩香：《隋唐长安与中亚文明》，第283页，中国社会科学出版社，2006年。
② 段文杰：《段文杰敦煌艺术论文集》，第260页，甘肃人民出版社，1994年。

多着幂罗，虽发自戎夷，而全身障蔽。永徽之后，皆用帷帽施裙，到颈为浅露。显庆中，诏曰：'百家家口，咸厕士流。至于衢路之间，岂可全无障蔽？比来多着帷帽，遂弃幂罗；曾不乘车，只坐檐子。过于轻率，深失礼容。自今已后，勿使如此。'神龙之末，幂罗始绝。开元初，宫人马上始着胡帽，就妆露面，士庶咸效之。天宝中，士流之妻，或衣丈夫服，靴衫鞭帽，内外一贯矣[①]。"意思是说：唐代早期（武德、贞观年间）宫内女性骑马出门要戴一种遮掩全身的幂罗，依照传统的礼仪，这种幂罗来自胡服，全身遮挡。永徽之后，女性皆改用帷帽、帽裙，但只遮挡颈部及颈部以上。显庆年间的诏书说：女性出门，行进在道路上，不乘车，又不坐轿子着幂罗，全身没有遮挡，只戴个帷帽，过于轻率，有失礼仪，从今之后，不要这样。但是诏书没起什么作用，幂罗还是逐渐销声匿迹。开元初年，宫女开始戴胡帽（帷帽），抛头露面，士人百姓纷纷效仿。到了天宝年间，士人的妻子，流行女扮男装，

图9-7　唐代戴胡帽妇女

胡帽即来自西域的"浑脱帽"。《旧唐书·舆服志》：唐玄宗"开元初，从驾宫人骑马者，皆着胡帽"。从宫内到民间，都流行胡帽。

---

① 〔唐〕刘肃撰，恒鹤校点：《大唐新语》，第85页，上海古籍出版社，2012年。

穿着丈夫的服装，靴子、衫子、帽子，内外一致，都是男装。《旧唐书·舆服志》又说："开元初，从驾宫人骑马者，皆着胡帽，靓妆露面，无复障蔽。士庶之家，又相仿效，帷帽之制，绝不行用[①]。"唐玄宗开元年间，胡服之风盛行，妇女皆着胡服、戴胡帽。

唐代的胡帽泛指西域地区少数民族所戴的巾帽，包括蕃帽、搭耳帽、珠帽、毡帽、浑脱帽、卷屋檐帽等。胡帽一般多用较厚锦缎制成，也有用羊毛制作。帽子顶部，略成尖形，有的周身织有花纹或镶嵌珠宝；下沿为曲线帽檐；亦有的装有上翻的帽耳，耳上饰鸟羽，式样众多，繁简不一。唐人诗词称："织成蕃帽虚顶尖""红汗交流珠帽偏"。

图 9-8　唐代戴帷帽妇女
胡帽一般多用较厚锦缎制成，也有用羊毛制作。式样众多，繁简不一。帽子顶部，略呈尖形，有的镶嵌有各种珠宝。

---

① 〔后晋〕刘昫等撰：《旧唐书》，第 1957 页，中华书局，2017 年。

有人认为，帷帽就是冪羅，就是胡帽。说的不对，三者有联系，帷帽由冪羅演变而来，胡帽又由帷帽演变而来。冪羅就是一种头罩，在筒状巾侧面开挖一椭圆形洞，露出面部，有人称之为"面幕"，其实只遮蔽头部，并不遮挡面部。唐代风气开放，服装袒露，并不需要服饰掩饰身体，相反以裸露为美。冪羅的头罩主要为了美化与遮挡风沙。帷帽本为西北民族妇女遮阳、挡风之用，传入中原之后，成为汉族贵族妇女骑马出行时的装饰。帷帽盛行于武则天时期，开元时期被各式胡帽代替。到了五代，也有骑马进香人戴帷帽的，与唐代的帷帽有所不同，那是属于五代、宋、明时期的风帽，沈从文先生认为"作用重在御寒避风沙，和原来妇人用于避人窥视意义大不相同[①]"。

有些唐代妇女还有"胡服骑射"的爱好和风气，她们喜欢穿上胡服戎装或女扮男装，矫健英武地跃马扬鞭，"露髻驰骋"，还可以参加打球、射猎等活动。杜甫《哀江头》中描写"辇前才人带弓箭，白马嚼啮黄金勒。翻身向天仰射云，一箭正坠双飞翼"，可见这些骑射女子英姿是多么飒爽，这也从另一个方面说明唐代女子好穿男装的原因。

唐代的胡服从其历史以及形制分析，是受到西北少数民族，中亚波斯诸国的影响，但是对于胡服盛行于开元、天宝年间的说法，沈从文先生有不同观点。他认为胡服有前后两期变化，"前期实北齐以来男子所常穿，至于妇女穿它，或受西北民族（如高昌回鹘）文化的影响，间接即波斯诸国影响。特征为高发髻，戴尖锥形的浑脱花帽，穿翻领小袖长袍，领袖间用锦绣缘饰，钿镂带，条纹毛织物小口裤，软锦透空靴，眉间有黄星靥子，

---

① 沈从文：《中国古代服饰研究》（增订本），第 243 页，上海书店出版社，1997 年。

面颊间加月牙儿点装。后一期在元和以后，主要受吐蕃影响，重点在头部发式和面部化妆，特征为蛮鬟椎髻，乌膏注唇，脸涂黄粉，眉作八字式低颦，即唐人所谓'囚妆''啼妆''泪妆'，和衣着无关。如白居易新乐府《时世妆》所咏，十分传神[1]。"

五、胡服多色彩

胡服颜色，原本多是素色（本色），间或亦绣彩色花纹。到了北朝时期，胡服多彩色。

据《魏书·礼乐志四》，北魏、北齐、北周，朝服和戎服颜色仍有一定的规定。《旧唐书·舆服志》记载：北周常服的颜色是"朱紫玄黄，各任所好"，诸如绯绫袍、紫绫袍，不绝于史[2]。

唐穆宗长庆元年（821）太和公主出嫁回鹘，所穿红紫色的胡服。《旧唐书·回纥传》记载："公

图 9-9　唐代彩绘女扮男装陶俑
胡服不分男女，女子时常女穿男装，是唐代的时尚。

① 沈从文：《中国古代服饰研究》（增订本），第258页，上海书店出版社，1997年。
② 吕一飞：《胡服习俗与隋唐风韵》，第18页，书目文献出版社，1994年。

主始解唐服而衣胡服。以一妪侍，出楼前西向拜。可汗坐而视，公主再俯拜讫，复入毡幄中。解前所服而披可敦服，通裾大襦，皆茜色，金饰冠如角前指[1]。"新疆库木吐喇第 79 窟供养人像是回鹘西迁前怀信可汗与唐代咸安公主、颉里思力公主与她的丈夫，女供养人穿红色对襟窄袖长袍，头顶有红色头饰[2]。

不仅历史文献记载了胡服多色彩，出土的陶俑也佐证这一记载。1952 年陕西咸阳发掘了杨谏臣墓，出土的彩绘胡服女立俑实物，与文献记载互为印证。女立俑高 50 厘米，头戴卷沿高顶花锦帽，身穿大花翻领小袖上衣，下着绿色小口裤，脚蹬红色软锦鞋，腰系革带，上挂鞶囊[3]。

考古出土的唐三彩胡人俑、胡服俑、壁画、绘画，描绘的胡人胡服，其色彩远比史籍记录的更丰富，更艳丽。

六、胡服对中国衣冠的影响

唐代是中国历史的一个高峰，也是走向衰落的转折点。大唐气象万千，大唐之音强劲，唐人的文化开放、包容、奔放，其服饰也是兼收并蓄，全面发展。唐代的格局发生了变化，服饰随之发生了大变，从"上衣下裳"之制一变而为"上衣下裤"之制，沿袭至今。这是中国古代服饰史上划时代之剧变，这个变化是从什么时候开始的呢？不是战国赵武灵王时期，而在唐

---

① 〔后晋〕刘昫等撰：《旧唐书》点校本，第 5212—5213 页，中华书局，2017 年。

② 沈雁主编：《中国北方古代少数民族服饰研究·回鹘卷》，第 85 页，东华大学出版社，2013 年。

③ 晏新志主编：《神韵与辉煌——陕西历史博物馆国宝鉴赏·陶俑卷》，第 98 页，三秦出版社，2006 年。

图9-10 敦煌莫高窟17窟穿男装女供养人像

圆领宽袖长袍，系腰带。供养人的形象往往是现实人物的写照，无论是形象，还是服饰，都以现实生活为参照。

代。赵武灵王虽然推行"胡服骑射"，强兵强国，但还只是一国的改革，并没有成为中原地区汉民族普遍的服饰改革。唐代则不然，胡服的流行，服饰的胡化，是全民性的，是整个唐代版图代表的汉民族服饰的变革，唐代的时服（日常之服）就是胡服的变异与汉文化融合而成的汉人服饰。

宋人明确指出：唐代的常服乃是沿袭北朝胡服之制。《说郛三种》卷十八宋顾文荐《负暄杂录》古制度条："汉魏晋时皆冠服，未尝有袍、笏、帽、带。自五胡乱华，夷狄杂处。至元魏时，始有袍、帽，盖胡服也。唐世亦自北而南，所以袭其服制。"瞿宣颖更是说得明白："古人上衣下裳，直至周隋用胡服，

图 9-11　隋唐回鹘装展示
图（摘自《中国历代服饰》）
回鹘装特点：翻领，窄袖，
衣宽，袍身长，下摆曳地。
衣料多用织锦，色调以暖色
为主，尤多红色。甘肃安西
榆林窟壁画中有晚唐时期
着回鹘装的女供养人形象。

而男子始不复着裙[1]。"民族融合，文化融合，唐人接受了胡服，
并加以改良。唐代之前，中原男子还穿裙，推行裤褶之后，男
子摒弃了裙子，完完全全甩给了女性。从裙子的束缚中解放出来，
中原男子的阳刚之气在胡服、胡风的刺激下，激发出来。

　　唐代的强盛，不可否认与唐人体内迸发出强劲的荷尔蒙
有关。唐诗中有一个边塞诗流派，其主导特征是壮美，令人
感到一种极为向上的生命力，体现了唐朝当时泱泱大国的雄浑

---

[1]　瞿宣颖：《中国社会史料丛钞》影印本上册，第 101 页，上海书店，
　　1985 年。

的民族精神。"晓战随金鼓，宵眠抱玉鞍。愿将腰下剑，直为斩楼兰。"（李白《塞下曲》）"昨夜秋风入汉关，朔云边月满西山。更催飞将追骄虏，莫遣沙场匹马还。"（严武《军城早秋》）"但使龙城飞将在，不教胡马度阴山。"（王昌龄《出塞》）"黄沙百战穿金甲，不破楼兰终不还。"（王昌龄《从军行》）跃马沙场，荡平敌寇，不斩楼兰誓不还，何等意志？何等气概？何等豪迈？胡风彪悍、勇猛，胡服便捷、干练，裁剪了胡服的遗风，激扬了胡风的骁勇，大唐将士抗敌寇，收边关，卫国土，便能以势不可挡的气质，克敌制胜，将唐代版图大力扩展，唐代的气势和国力让万邦争相来朝。

334

今天的人们对于裤子、裙子最熟悉不过。裤子男女均可穿着，裙子专属女子。一般情况，气候温和、炎热时女子多穿裙子，气候寒冷时，女子多穿裤子，少穿裙子。下身着裤是普遍现象，但是在古代中国，裤子并不是主流服饰，男子常服以袍、衫为主，女子以裙为主，裙子可以是襦裙等长裙，由上而下，上身再披、罩、穿袄、衫等。裙子是主流服饰，正统服饰，而裤子属于少数民族传来的服饰，不属于正统服饰，因此受到主流社会的抨击、抵制。

宋代社会正逢理学盛行，对于封建礼制下的服饰要求甚严，尽管宋代已经有裤子，但是裤子并未在上层社会流行，社会礼制依然是排斥裤子的。

一、宋代妇女一般的服饰

宋代妇女通常的服饰，包括贵族妇女平时所穿的衣服，大多上身穿袄、襦、衫、背子、半臂等，下身束着裙子、裤，这是最为普通的装束[①]。大致上区别，袄、襦、衫均为短衣，分内外之用，即袄、襦为外衣，衫子多用于内衣。

襦、袄是相近的衣着，形式比较短小。襦有单复，单复近乎衫，而袄大多有夹层，或内实以棉絮，古代作为内衣衬服之用，即所谓燕居之服（在家闲居时穿的服饰）。宋代的衫子是单的，而且袖子较短，以轻薄衣料和浅淡颜色为主，如宋人诗词中"轻衫罩体香罗碧"。

---

① 周锡保：《中国古代服饰史》，第289页，中国戏剧出版社，1986年。

图 10-1　宋代大袖罗衫长裙穿戴展示图（摘自
《中国历代服饰》）
宋代女性常服红罗长裙，红霞帔，红罗背子，红、
黄纱衫，白纱裆裤，服黄色裙，粉红色纱短衫。

宋代的襦、袄都是作为上身之衣着，较短小，下身则穿着
裙子。颜色通常以红、紫色为主，黄色次之，贵者用锦、罗或
加刺绣。一般妇女则规定不得用白色、褐色毛缎和淡褐色匹帛
制作衣服。

裙与裤为下衣，裙有短制，如同当今的一般裙子；裙也
有长制，上下通连，如同当今的连衣裙。襦裙、罗裙、长裙
是长制，其中襦裙是襦与裙的结合体；其他百叠裙、花边裙、
旋裙为短制。

图 10-2　宋代穿襦裙妇女
宋代妇女日常服饰，上身穿袄、襦、衫子、背子、半臂，下身束裙子、裤子。

宋代女子下衣有裙与裤，裙子为社会普遍接受，贵族女性一定是穿裙不穿裤的，而裤则多为劳动者所穿，穿裤的方法一般是裙内穿裤，即裤子穿在里面，外面罩裙，束裙大多长至足面，劳动妇女或者短一点，但是也有单独穿裤，不系裙子的。《都城纪胜》记载：中秋节前后酒库开沽新酒，用妓弟乘骑作三等装束，其第三等冠子衫子裆裤。即次等妇女单着裆裤的装束。看一看宋人张择端《清明上河图》中若干人物的穿戴，可以印证。

二、宋代裙子以长曳地居多

古代女性正装是上衣下裳，所谓下裳即裙子。对于裙子，汉代刘熙《释名·释衣服》曰："裙，群也，连接群幅也。"也就是说裙子是用多幅布料连接而成的。中国古代妇女有穿裙子的传统。唐代女性以穿裙，尤其是色彩艳丽的裙子为风尚，宋代服饰虽有变化，但是主要形制、风格仍然承袭前代，宋代女性上衣下裳制中的裙子更是接受了唐代女裙的形制。

古代贵族女性穿的裙子倾向于长裙，长裙曳地是其风格。大体上长裙可以衬托贵族女性服饰的飘逸，以及由侍女捧着或托着长裙的高贵氛围。隋唐时期裙子盛行，笔者在《唐代女裙与开放装束》一文中点明了盛行的四个因素：适应性、多样性、美丽性、艳丽性[①]。唐代女性尤其推崇色彩艳丽的裙子，具有飘逸感的长裙。唐代长裙长可曳地，最长者拖地尺余。裙长显示出穿着者修长的身材，飘逸的动感。女性普遍是美的追求者，为了美丽，即使裙长行动有所不便，也在所不惜，更何况长裙原本就在宫中、贵族阶层流行，这些女性有宫女、侍女侍奉左右，出行前呼后应，也没有什么不便的。

宋代的女裙仍以长曳地式居多。《宋史·舆服志三》记载："其常服，后妃大袖，生色领，长裙，霞帔，玉坠子[②]。"宋代女性穿长裙的形象在传世绘画中有留存，如宋人王居正所作《调鹦图》中的女子就身着长裙，裙摆拖在地上尺余[③]。

不仅裙摆长可曳地，宋代女裙上用于束裙的裙带也是垂得长长的，与长裙配套，正如诗句所云："坐时衣带萦纤草，行即裙裾扫落梅。"罗裙垂长，拖到地面，穿裙女子行走时，可以清扫地上的落花，虽是夸张之辞，裙之长，可见一斑。因为宋代的社会风气，远不如唐代开放，女性外出行动的很少，多"宅"在深闺大院，裙摆长垂也不影响其行走，缓步慢行，身后再跟着个侍女丫鬟，提着裙摆，或者行走时，提起裙摆掖在腰际也未尝不可。说裙带长的还有"裙边微露双鸳并""莫怪鸳鸯绣带长""绣罗裙上双鸳带"，等等。

---

① 所谓四性，即裙子宽大，穿戴自由，可以适配多种服饰，这是它的适应性；这一时期的女裙，款式甚多，想要什么造型，就有什么造型，这是它的多样性；裙摆随风飘动，有飘逸之感，这是它的美丽性；裙子款式多，染纺工艺也达到了对染色的随心所欲，色彩丰富，这是裙子的艳丽性。见黄强：《中国服饰画史》，第80页，百花文艺出版社，2007年。
② 〔元〕脱脱等撰：《宋史》点校本，第3535页，中华书局，2017年。
③ 高春明：《中国服饰名物考》，第610页，上海文化出版社，2001年。

图 10-3　宋代窄袖短襦长裙披帛穿戴展示图（摘自《中国历代服饰》）

短襦、长裙、披帛为唐代的风尚，宋代初期的服饰沿袭唐风，并非都是保守的风格。"轻衫罩体香罗碧""轻衫浅粉红""龙脑浓熏小绣襦"的服饰风尚也都流行过。

三、裙子的种类与形制

　　宋代女裙虽然承袭前代，保留了唐代的一些裙子的种类，有所谓石榴、双蝴蝶、绣罗等名目，但是两宋的社会风气远不如唐代开放，在服饰发展中也是有所修正，有所摒弃，有所保留的。宋代女裙的种类，大致有石榴裙、罗裙、六幅裙、长裙、销金裙、百叠裙、花边裙、开裆裙、旋裙、缕金裙（欧阳修《鼓笛慢》"缕金裙窣轻纱"，无名氏《失调名》"淡红衫，缕金裙"）等不同类别。

　　裙子的片幅，宋代裙子有六幅、八幅、十二幅之分，名称也随着篇幅多少而名之。按照周锡保先生的说法，这种裙子多褶裥，尤以舞裙折裥更多，褶裥多了，旋转时可增加婆娑之态。

有文献说千褶裙的发明者为五代皇帝，宋代陶穀《清异录》记载：
"同光年，上因暇日晚霁，登兴平阁，见霞彩可人，命染院作霞样纱，作千褶裙，分赐宫娥，自后民间尚之，竞为衫裙，号'拂拂娇'①。"这只是一种说法，其发明者当为宫娥，而非皇帝，大致上因为追求美，女性发明了这种旋转时极有美感的裙子。在五代千褶裙的影响下，宋代亦承袭了这种褶裙②。宋人有诗句为证："裙儿细裥如眉皱"，"百叠漪漪风绉，六铢纵纵云轻"。

福州南宋黄昇墓出土了很多衣服，其中有裙多种，大多作六幅。也有一条除侧面二片不打褶外，余均做细密褶叠，每片为十五褶，计亦有六十褶。周锡保先生因此推断，其他贵族妇女的裙可能褶裥更多③。

宋代的百叠裙，其形制与唐代的百叠裙下摆相似，惟领子有差别。河南方城盐店汪村宋墓出土的陶俑就身着百叠裙。一种大幅之裙，裙围用料多在六幅以上，中间则施以细裥，俗称"百叠""千褶"，腰间用绸带系扎，并有绶环垂下④。因褶的多少不同，也分为碎褶裙、羊肠裙、千褶裙（又名拂拂娇）等。

宋代还有黄罗彩绘花边裙、牡丹纹罗开裆裙等，这两种裙子就出土于黄昇墓中⑤。

宋代妇女的裙子，大多以罗纱为主，而且有刺绣或用罨画（杂以彩色如剪绣而隐以他色），或用销金，或用晕裙，贵族

---

① 〔宋〕陶穀撰，孔一校点：《清异录》，第76页，上海古籍出版社，2019年。
② 周锡保：《中国古代服饰史》，第291页，中国戏剧出版社，1986年。
③ 同上。
④ 周汛、高春明编著：《中国衣冠服饰大辞典》，第7页，上海辞书出版社，1996年。
⑤ 周锡保：《中国古代服饰史》，第302页，中国戏剧出版社，1986年。

图10-4 宋代《四美图》中襦裙

宋代四女子着襦裙，披肩，戴花冠，手执绣物。体态婀娜，绘画有晚唐五代风格，但仍是唐代人物丰腴肥美的体态，椭圆形面颊与花冠发髻则具两宋的时代风尚。唐代服饰色彩艳丽，宋代服饰趋向素雅，本画中的宋人襦裙等服饰色彩仍然丰富，其服饰色彩已由唐代艳丽向宋代素雅过渡。

妇人甚至在裙上缀以珍珠为装饰，如"双蝶绣罗裙"，"珠裙褶褶轻垂地"。晏几道《蝶恋花》曰："嫩曲罗裙胜碧草，鸳鸯绣字春衫好。"赵善扛《谒金门》亦曰："移步避人花影里，绣裙低窣地。"

四、旋裙由民间而及宫廷

宋代女裙中，有一种当朝创制的裙子品种——旋裙。裙子在古代女性服饰中属于正统服饰，但是旋裙则有别于正统的裙子，它属于裙中的异类。其原因在于旋裙不是正统社会创制出来的款式，其始作俑者是社会地位低下、饱受冷眼的娼妓们。

宋代贵族妇女出行大多乘坐轿子，下层妇女出行或步行，条件稍好者则骑驴。旋裙是宋代妇女外出乘驴时所穿的，始于京城妓女，为便于乘骑，故前后开胯①。宋代虽然已经有裤子，但是贵族女性裙子里面依然穿着开裆裤，绝不穿裤子②。因此外穿的裙子就具有遮挡的功能，这也是社会风气的浸染，当时的裙子都是遮掩严实，严防密守，春光难泄。

而旋裙的出现，其惊世骇俗的形制，更是对传统思维观念和社会定势的颠覆。原本遮挡严密，严守封建礼教的裙子，在其后面的臀部部位，忽然开出一个叉口，行动时不免露出裙内的裤子，或者亵衣，如此大胆，如此放肆，不免有轻佻的意味，公然挑战"存天理，去人欲"的宋代理学。裙子后面竟然开叉，在时人看来不仅不雅，更为不敬，何况旋裙由娼妓所创，普及社会，更是不妥。

旋裙因其前后掩映，长而拖地，又名赶上裙。尽管被封建卫道士斥责为不敬、不雅，但是服饰普及的一个重要因素就是实用性，实用的功能在旋裙上得到淋漓尽致的发挥。想当年战国时期赵武灵王服装改革，也曾饱受抵制，但是改穿胡服对于军事能力的提升、国力的提升都是显而易见而且影响巨大的，也就渐渐为大家接受。旋裙可以给骑乘的女性带来方便。对于一般妇女，她们不可能像贵族女性那样可以"宅"在深闺大院养尊处优或外出有轿子可乘，她们需要经常抛头露面忙碌生活，骑乘小毛驴是最经济、最便捷的出行方式，有效率才有生产力，旋裙的出现解决了她们骑乘的服饰问题。于是旋裙为一般女性仿效，后来又流行于一般士大夫之家的女性。到了宋理宗朝，

① 周锡保：《中国古代服饰史》，第 291 页，中国戏剧出版社，1986 年。
② 宋代贵族女子穿裙不穿裤的原因，除了认为裤子地位低下，多为劳动者所穿外，对于贵族女性来说，还有裤子穿着对她们生活会造成不便。这样就影响了裤子在贵族女性阶层中的推广。详见黄强：《中国内衣史》，第 76 页，中国纺织出版社，2008 年。

前后相掩、长而拖尾的奇装异服之旋裙，传入宫中，嫔妃、宫女也系束上旋裙，以为时尚。表面平静，内心不甘寂寞的宫中女性终于抵挡不住时尚的诱惑，放下了身架，也与民间女子一般，以身试裙。

需要指出，中国服饰发展史上，很多服装、妆饰，都是由普通劳动者，甚至娼妓创造的，如魏武帝曹操时的宫人作"白妆青黛眉"，宋代尼姑静慧创造"浅文殊眉"，宋代平康名妓莹姐创"熏墨变相眉"，以煤修眉[1]。

南朝宋文帝时宫娥创制了飞天髻，由宫廷流传到民间，成为社会流行的一种发髻。前有古人，后有来者，民国时期的上衣下裤的实践者，袒胸露臂服装的最先穿着者，往往都是青楼中人。正因为她们身份低微，才无所顾忌，也因身处交际中心，而先领略到时尚潮流的脉搏，所以她们敢为人先，率先尝试，引领时尚[2]。时尚就是具有轮回的特质，几百年甚至几十年轮转一次，今天的时尚是明日的历史，昨天的潮流轮转之后，又成为当下人们追逐的新潮。

五、女裙色彩依然鲜艳

宋代理学盛行，"存天理，去人欲"，对人性有所压抑。服装上的奇装异服受到批评，但是奇怪的是，宋代女裙的色彩却依然鲜艳，似乎没有受到很大的打压。宋代女裙的颜色有红、绿、黄、青等多种色，其中尤以石榴花的裙色最惹人注目。穿

---

① 黄强：《中国服饰画史》，第41页、第53页，百花文艺出版社，2007年。
② 黄强：《衣仪百年——近百年中国服饰风尚之变迁》，第4页，文化艺术出版社，2008年。

这种红裙的大抵以歌伎乐舞者为多。宋代有大量的歌咏石榴红裙的诗词，如"榴花不似舞裙红""裙染石榴红""石榴裙束纤腰袅"等。

金色裙。欧阳修《鼓笛慢》："缕金裙窣轻纱。"无名氏《失调名》云："淡红衫，缕金裙。"缕金裙是以真金捻成的金线编织于裙中，点点金缕将女裙装饰得华丽耀眼。

红裙、石榴红裙。吴奕《升平乐》词云："对华筵坐列，朱履红裙。"苏轼《南乡子》有云："裙带石榴红。却水殷勤解赠侬。"王之道《青玉案》云："金尊照坐红裙绕。"

绿裙、翠裙、草色裙。陈允平《少年游》有云："翠罗裙解缕金丝。"史达祖《西江月》曰："裙摺绿罗芳草，冠梁白玉芙蓉。"石孝友《南歌子》云："草色裙腰展，冰容水镜开。"吴文英《诉衷情》曰："柳腰空舞翠裙烟。"此外宋代诗词尚有"碧染罗裙湘水浅""草色连天绿似裙"等。

绛裙。贺铸《菩萨蛮》词云："绛裙金缕褶，学舞腰肢怯。"

黄裙。有诗云："揉蓝衫子杏黄裙。"宋人小说记载：一已故的蒋通判女"戴团冠，着淡碧衫，系明黄裙[1]"。

青裙。大多是为年龄较大的田野操作的妇女所穿。有诗词云："青裙田舍妇""主人白发青裙袂"。苏轼《于潜女》诗云："青裙缟袂于潜女，两足如霜不穿屦。"

在女服用色上，一般上衣比较清淡，通常采用间色，如淡绿、粉紫、银灰、葱白等色，以质朴清秀为雅；下裙颜色较为鲜艳，有青、碧、绿、蓝、白等色[2]。

----

[1] 周锡保：《中国古代服饰史》，第304页，中国戏剧出版社，1986年。
[2] 周汛、高春明编著：《中国衣冠服饰大辞典》，第7页，上海辞书出版社，1996年。

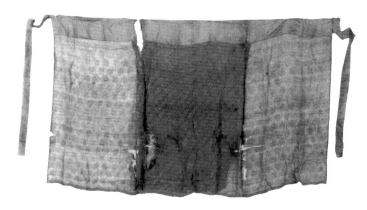

图 10-5　宋代妇女罗裙

宋代女性裙子，大多以罗纱为之，裙上刺绣，宋代诗词中有"双蝶绣罗裙""绣罗裙上双鸳带"之句。

宋代女裙保持了唐代裙子的鲜艳色彩，其染色也有以植物染色、熏香的做法。一是石榴红裙。石榴裙盛行于唐代，以石榴染色，形成石榴红色，鲜艳无比。《花间集》载五代阎选《虞美人》词："小鱼衔玉鬓钗横，石榴裙染象纱轻。"高春明先生指出：因为有些红裙系用石榴花提炼出来的染料制成，故以"石榴"为名①。二是郁金香裙。以郁金香提取花汁，染成黄色的裙子。郁金香不仅可以染色，其汁液具有浓郁的花香气味，用郁金香浸染裙子，穿在身上，会散发出阵阵香气②，唐代张泌《妆楼记》记载："郁金，芳草也。染妇人衣最鲜明，然不奈日炙。染成衣则微有郁金之气。"

这种植物的香气不同于头上插花带来的香气，持久性长。现在也还有女性用植物香料或化工合成香水熏蒸衣物，让香气

① 高春明：《中国服饰名物考》，第 612 页，上海文化出版社，2001 年。
② 周汛、高春明编著：《中国衣冠服饰大辞典》，第 7 页，上海辞书出版社，1996 年。

保留在衣物上，慢慢散发。宋代女裙的染色法，表明中国古代女性早已懂得用天然环保的植物染料染织衣物，个个都是染织能手，而且善于用香，以香料熏蒸衣物，持续挥发的天然香气不仅围绕身体，长期享受大自然的芬芳，也感染着身边的人群，天天呼吸着大自然的清芬，她们也是具有环保理念，善于用香的行家。在隋唐五代，以至两宋，植物染织、熏香的做法，在社会上广为流传，深受女性的欢迎。

六、束裙的方法

宋代女子着裙非常普遍，上至皇宫嫔妃、贵族妇女，下至平民百姓，都穿裙。

贵族妇女与平民妇女的裙子差别，在于裙子的形制，长裙多为上层妇女所穿，短裙或者说下摆不是很长的裙子，为平民女性所穿，主要是短裙行动便利。下裳之裙与上衣的搭配情况，通常是上着窄袖襦或衫，下着裙。

从表现宋代服饰的《女孝经图》中，我们可以看到宋代女子着长裙，腰间垂有组条，襦、衫外面披有披帛，裙束于外，与唐代的束裙相似。但是束裙的位置与唐代的束法有所不同。唐代女子着装习惯将衫子下襟束在裙腰里面，裙子束得很高，束到了胸部，而宋代束裙的位置下移，只是束到腰间[1]。

唐宋束裙方法的不同，表面上看只是束裙位置的变化，实则是两种社会风气的折射。唐代女子穿裙，束带系到胸部，一则突出裙子的长度很长，有亭亭玉立的飘逸之感；二则系带在

---

[1]　周锡保：《中国古代服饰史》，第300页，中国戏剧出版社，1986年。

图 10-6　宋代穿艳色裙女子（王诜《绣栊晓镜图》，台北故宫
博物院藏）

团扇，绢本，设色。作者王诜系北宋画家，擅长用青绿重色。其
绘画用色也反映了北宋服饰沿袭唐代的艳丽风格。绘画中晨妆已
毕的妇人对镜沉思，侍女捧茶，另一妇女盘中取食。取食妇女衣
着红色，两人的襦裙都是黄褐色，披帛则是翠绿色，服色鲜艳，
对比强烈。宋初服饰也多颜色，也有开放风尚，也体现奢靡倾向。
到了北宋中后期以及南宋，则渐渐趋向素雅。

胸部，凸显胸乳的圆润、饱满，"慢束罗裙半露胸"，袒露是
一种时尚之美，传递出大唐激扬向上的时代情调，迸发出青春
健康的活力。而宋代束带下移，放在腰间，淡化了女性胸部的
突出，掩饰个性，与宋代收敛的时代风格相吻合。

　　服饰是时代的产物，表现出时代的审美情趣，一个小小的

束裙位置的变动，并非是一个与己无关、与时代无关的小动作。想起蝴蝶效应中的一个精辟论点，亚马孙雨林中，一只小小蝴蝶翅膀的震动，通过层层的无限放大，可以带来一场风暴。时尚潮流的演变就是这样，细小的变化，开始漫不经心，渐渐为大众接受，就会形成一种洪流，滚滚向前，挡也挡不住。

七、宋代服饰禁锢中的宽松

宋代衣冠服饰总体上是"比较拘谨和保守，式样变化很少，色彩也不如唐代那样鲜艳，给人以质朴、洁净和自然之感[①]"。

因为程朱理学起源于宋代，盛行于宋代，一般都认为宋代思想最为保守，最为禁锢。其实理学的影响与保守，以及由于理学盛行之后，对社会思想禁锢的影响，更多的是在明代。通常说理学，多说"宋元理学"或"宋明理学"。两宋社会尤其是北宋，并非非常保守、非常封建。

从宋代女裙色彩之丰富，可以窥视宋代女性服饰保留着亮色，呈现丰富多彩的状态。宋代服饰中也有类似唐代的开放服饰，衣衫轻薄透视，彰显女性玲珑曲线的服饰也是存在的。"轻衫罩体香罗碧"说的是透视装束，《宋徽宗宫词》也有"峭窄罗衫称玉肌"，轻薄罗衫几乎可以看到衫下的雪白肌肤，说明当时的女子衫子追求透视效果，而且窄小紧身，凸现女性身体曲线。

对于旋裙的推崇，同样说明时髦之服，不仅因为方便穿戴，更因为能展示女性身体的曲线之美、肌体之魅，理所当然地受

[①] 周汛、高春明编著：《中国衣冠服饰大辞典》前言，第 6 页，上海辞书出版社，1996 年。

到民间女性、贵族妇女甚至宫中嫔妃的喜爱。对时尚之物的追求，对美的钟情，从来就是女性念念不忘的。她们虽然所处时代不同，受到社会条件的限制，但是她们在任何时候，任何条件下，都不会忘记她们对于美，对于时尚的渴望。她们往往通过一些变通的方法，实现自己的时尚理想，实践自己的美丽梦想。宋代女裙所折射的乃是在理学思想影响下，在收敛性的历史背景下，从禁锢的铁丝网下，出墙而来的一片新绿。

第十一章 一抹香艳一丝凉意

——宋代出土的内衣

炎热的夏天，高温酷暑，热浪滚滚，让人们烦躁不安。古人没有今天的空调，他们是如何度夏的？对于皇室成员、贵族来说，可以到气温较低、环境阴凉的避暑胜地，享用冬季储备的冰块，躲避酷暑。而对于普通人家来说，远没有这样的条件。好在古代房屋空旷，周边树木较多，树荫遮阳，时不时吹拂而来的自然之风，也可以降低暑天的高温。清冽的井水，凉爽的竹床，都是盛夏避暑的利器。

此外，衣装穿戴也可帮助避暑。女性夏季穿裙子，吊带衫，不仅是美观的需要，更是适应高温而进行的服饰调节。现代女性夏季服饰日新月异，不必多说，那么古代女性在夏季也有这样的时尚之服、避暑之衣吗？回答是肯定的，古代中国的内衣不仅时尚，而且科学。我们仅以宋代出土文物为例，来看看宋代女性夏季如何以内衣调节人体温度，安全度夏的。

一、襦裙外穿露出一抹乳沟

对于中国古代服饰，大家普遍认为唐代开放，女性服饰偏好以透明的薄纱为面料，肌肤薄纱下隐隐绰约，"慢束罗裙半露胸"，"粉胸半掩疑晴雪"。虽然说宋代受程朱理学影响，文化趋于保守，服饰也趋向于收敛，色彩也不如前代艳丽，但是也不尽然，其贴身的亵衣（古代认为内衣秘不示人，不可公开，因此将内衣称之为亵衣），并不都是保守、封闭的。

宋代女性内衣主要有襦、袄、背心、衫子。按照宋代的礼俗，女人裸露脖子和胸部是不体面的，因此，女性服饰往往在衣衫里面套上一件短上衣，前面扣扣，紧身高领。襦是一种窄袖的短衣，衣身长至腰间。在唐代由于襦式样紧小，便于做事，

图 11-1 四川大足石刻宋代穿襦裙的妇女 宋代女性服饰的收敛是在宋代理学盛行的南宋,宋代前期风气依然开放,低胸装的风格来自于唐代,从"轻衫罩体香罗碧"等诗词可以窥见其风格的开放性。

唐代妇女将原本作为内衣的襦穿在外面,形成内衣外穿的形式。宋代的襦、作为上衣,下面配裙,可作内衣也可以外穿,"龙脑浓熏小绣襦",说的就是这样的形制。

四川大足石刻养鸡妇女的形象就是襦裙外穿,低开胸,正好卡在胸乳上部,有的襦裙还有意无意地露出一抹乳沟,印证了人性的欲望往往是"春色满园关不住,一枝红杏出墙来",这是宋代女性服饰在理学的禁锢中挣扎出来的一线生机。今天时尚女性的暴露装,低胸、爆乳,不过是步宋人女性的后尘。

二、一件背心半两重

襦的穿着对象主要是下层妇女，因为当时的一些妇女穿襦大多作为内衣，外面再罩上其他的服装，背心的功能性在宋代得到极大的发挥。背心是一种无袖之衣，只能裹覆胸前胸后。最初穿在里面，逐渐外相化，由内而外，现代的背心就由此发展、演变而来。背心，原本属于内衣性质，但是在宋代亦内亦外，根据不同的场合，不同的作用而定，穿于内则为内衣，穿于外则是外衣。

1975 年，在福建福州市北郊新店镇浮仓山，考古人员发掘了一座南宋时期的古墓。根据碑文的记载，此墓系南宋绍定二年状元黄朴之女、宋宗室、莲城(今连城)县尉赵与骏妻子黄昇

图 11-2　穿襦裙露乳沟的宋代妇女(摘自《中国服饰名物考》，黄沐天设色)从图像上看，宋代女性服饰沿袭了唐人风格，轻薄面料，低胸领，呈现开放状态。

的墓。古墓出土了发簪、香熏等各种文物500多件，最让考古界震惊的是丝绸品极多，黄昇身上所穿的绫罗绸缎和随葬零碎料子一件件分解下来，竟然有354件，分为袍、衣、背心、裤、裙、抹胸、围兜、围件等二十多种类，连香囊、荷包、卫生带、裹脚带这样的小件物品也包含其中，其品种之全、工艺之高超、制作之精良，堪称南宋丝织物之汇集。

其中一件深烟色牡丹花罗背心，仅重16.7克，还不到半两！一个火柴盒内可以装入两件这样的背心。背心轻盈若羽，剔透似烟，让我们想到宋代诗人陆游所云"举之若无，裁以为衣，真若烟雾[①]"。炎热的夏天，穿上这样的轻巧、超薄的背心，贴身透气、超级凉爽，而且性感毕现、时尚迷人。

这也让笔者想到1972年马王堆汉墓出土的素纱禅衣，薄如蝉翼，轻如烟雾，质地轻薄，分量极轻，一件49克，一件48克，不到一两重[②]，与黄昇墓出土的背心，异曲同工，这是衣料所具有的吸汗、透气、凉爽的功能，帮助人们度过盛夏。

三、开裆裤透凉

大家印象中开裆裤，是小孩子穿的，告诉你一个秘密，宋代女性流行穿开裆裤。夏天女性喜好穿裙，因为裙子没有裆，透气凉快。古代的裙子与今天的裙子有些不一样，那时是礼服，宽松、庞大、厚实，宋代女性的贴身下衣是裤子，她们穿无裆裤充当今天裙子。

---

① 〔宋〕陆游撰，杨立英校注：《老学庵笔记》，第226页，三秦出版社，2003年。
② 周汛、高春明撰文：《中国历代服饰》，第54页，学林出版社，1994年。

图 11-3 宋代女子开裆裤

福建福州宋代黄昇墓出土。宋代普通女性穿有裆裤，贵族女性则穿无裆裤（开裆裤），读者或许会感到意外，认为应该相反。我们用今天的眼光审视古人会产生隔阂，那是因为不了解历史。百姓要干活，必须是短衣襟小打扮。贵族有侍女伺候，佣人打理生活，可以穿裙子，当穿着层层叠叠、厚重不便的礼服时，则可以穿开裆裤以方便生活。

宋代女性的裤子，穿在裙子里面，作为夹裤、衬裤，形制多用开裆。黄昇墓也出土了一种开裆裤，是系于裙内的裤子，贴身而穿。下有收口，上有分裆，两裤脚也不是左右分离不连属的，而是由裤腰连为一个整体。这种开裆裤裤管较短，与外穿的长裤管的裤子不同，裤上绣有花饰，制作精美。

宋代妇女尤其是贵族女性为什么钟情无裆裤？除了在夏季凉爽之外，另一个功能是便于私溺，也就是解手。对此问题，正史的《舆服志》没有记载，历史学家、民俗学家也没有说明，笔者认为就是方便上厕所。宋代女裙层层叠叠，穿着、脱卸都不方便，如果要如厕，非常麻烦。在烦琐的长裙里面还有衫、袄、袍子、裤子，这一解脱，如何能自己系上？费工费时，如果衣冠不整，还有失礼仪，有失体统[1]。鉴于这样的情况，无裆裤正好解决了这个问题。因为外有束裙笼罩，宋代又没有狗仔队乱拍照，女性穿开裆裤也不必当心走光，因此无裆裤大行其道，流行起来。理学的禁锢，被穿着的方便与凉爽的需要踢到了一边。

---

① 黄强：《中国内衣史》，第82页，中国纺织出版社，2008年。

四、抹胸香艳有凉意

　　背心在宋代属于男人女人通穿内衣，夏季颇为流行，基层劳动者往往穿着背心干活。抹胸虽然宋代也有男性穿着，但是比较少见，主要还是女性用的多，宋代之后，抹胸则成为女性的专属内衣。

　　宋代妇女的贴身内衣最主要的是抹胸、裹肚。宋代抹胸上可覆乳，下可遮肚，不仅遮体（覆盖胸乳），而且保温、御寒（裹着肚腹部）。宋代的抹胸也有系于外面，如同外衣的，《山居新语》记载：宋末安康夫人，战乱中唯恐落入歹人之手，失身失节，以外穿的抹胸绞成绳索，自缢身亡。因此，笔者认定宋代抹胸有两种形制，一种是内穿的，短小、贴身、护住胸乳的；另一种为形制较长，宽带，类似外穿小褂的。之所以命名为抹胸，

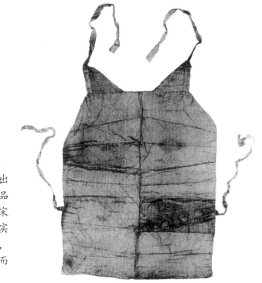

图 11-4　宋代抹胸实物
福建福州宋代黄昇墓出土。黄昇墓出土的纺织品有几百件，为我们了解宋代女性服饰提供了大量实物。宋代抹胸又称袜胸，或称襕裙，系带"自后而围向前"。

原因在于着重于胸，遮护胸部[1]。

从黄昇墓出土的抹胸实物看，以素绢为之，两层，内衬少量丝棉，长55厘米，宽40厘米，上端及腰间各缀绢带两条，以便系带，带长34—36厘米。这是目前出土年代最早的抹胸实物，后世的抹胸形制基本都沿袭它的样式。

此外，1954年发掘的宋代河南禹县白沙墓，也有内围抹胸的妇女形象的壁画，与黄昇墓出土的抹胸实物形制略有不同。女性穿戴颇为暴露，展示出裸露内衣的时代风尚，由此也印证了宋代服饰并非都是收敛、封闭的，也有性感风情的一面。

炎热夏季，轻薄、精巧、性感的内衣不仅对于穿着者非常舒适、凉爽，对于欣赏者而言，也非常养眼，带来的是一抹香艳，一丝凉意。你是否也感觉到了呢？

----

① 黄强：《中国内衣史》，第78页，中国纺织出版社，2008年。

第十二章 衣冠简朴古风存

——宋代平民服饰

说到宋代市井生活，读者会想到张择端的画作《清明上河图》和孟元老的笔记体散文集《东京梦华录》。这两件作品，都是反映宋代都城东京汴梁（今河南开封）的社会生活的。《东京梦华录》主要反映的是北宋末年宋徽宗崇宁到宣和年间（1102—1125）这一历史时段的王公贵族、庶民百姓的日常生活情景，对于各种服饰、行业制服、纺织品商铺都有记录。《清明上河图》则主要描绘汴京及汴河两岸的自然风光和清明赶集的集市的繁荣景象。如果将《清明上河图》的图卷放大百倍，商铺的店名显得清清楚楚，走街串巷的市民、游客的着装也十分清晰，可以分辨出人们穿什么服饰，有哪些与纺织、丝绸等有关的店铺。

一、宋代服饰简朴之风

宋太祖赵匡胤黄袍加身获得天下，又以"杯酒释兵权"剥夺了将领们的权力。尽管将领交出兵权后，将主要精力转向了建房置业、养花种草的生活情趣方面，然而退役将领、退休官员并不是无官一身轻，可以任意放纵情欲，肆无忌惮地追求奢侈，国家有禁令，其威慑力依然存在。僭越之罪就像一把达摩克利斯之剑，高高地悬挂在头上，如果越轨逾礼，等待他和他家庭的，或许是命运的改变。

宋代初年的服饰仍然延续唐代的开放服饰风格，因此在北宋时期，服饰并不都是保守、素雅的。"脸傅朝霞衣剪翠，重重占断秋江水。"（晏殊《渔家傲》）"香墨弯弯画，胭脂淡淡匀。揉蓝衫子杏黄裙。独倚玉阑无语点檀唇。"（秦观《南歌子》）"小院朱扉开一扇。内样新妆，镜里分明见。眉晕半深唇注浅。朵云冠子偏宜面。"
（贺铸《蝶恋花》）"残英小、
强簪巾帻。终不似、一朵钗
头颤袅，向人欹侧。"（周
邦彦《六丑·蔷薇谢后作》）
"避暑佳人不着妆，水晶冠
子薄罗裳。"（李之仪《鹧
鸪天》）词人笔下的宋代服饰、
妆容、头冠，呈现艳丽的色调，
妩媚的姿态，开放的风尚。
北宋的服饰并不沉闷保守的，
也有亮色，女性服饰中仍然
有低胸装等开放性的服饰，
以及艳色、奢华的裙子。

图 12-1　宋代士大夫仕女服饰复
原图（摘自《中国历代服饰集萃》）
宋代士大夫追求高雅，喜爱戴高
大方正的巾帽，穿宽博的衫子。
女子穿袄、裙、襦、背子等，一
般不穿袍。

　宋代重文抑武，在服饰方面，宋代统治者倡导"务从简朴""不得奢僭"的简洁观点。"好生恭俭超千古，风化宫嫔只淡妆"（杨皇后《宫词》），社会道德观、价值观变化了，审美倾向也发生了变化，于是唐代的奢华、繁复、艳丽、开放的服饰风格，渐渐被宋代简朴、素雅的风格所代替。南宋绍兴五年（1135）高宗说过："金翠为妇人服饰，不惟靡货害物，而侈靡之习，实关风化，已戒中外，及下令不许入宫内，今无一人犯者[1]。"他曾下令收缴宫中女子的金银首饰，置于闹市地

---

[1]　〔元〕脱脱等撰：《宋史》点校本，第 3579 页，中华书局，2017 年。

段，当众销毁。皇帝的表率、倡导作用，对于社会风气崇朴尚俭是一种推动，上行下效，上梁正了下梁就不容易歪。服饰从简并不是从南宋开始的，宋代开国初期就实行，只是宋高宗表现得更为强烈。

这里需要强调，北宋服饰倡导简朴，却并不是素色，服饰的色彩也很丰富，只是服饰风格上的简朴。宋代服饰趋向保守，表现在南宋时期。南宋理学思想盛行，"存天理，去人欲"成为社会道德的标准，约束奢靡行为，理学对于中国社会的影响是巨大的，而理学之所以诞生在宋代，与北宋的俭朴风尚是有关联的。这里需要指出，很多服饰史著作都说宋代理学思想影响到了宋代服饰，其实影响主要在南宋时期。北宋时期朱熹尚未出生，更没有形成朱熹理学思想，何来影响[1]？

二、服饰各有本色

官员有公服等官服，百姓有襕衫、直裰等士庶装（士人在没出仕前还是民），各阶层各行业的人群，遵循服饰制度，穿与自己身份相符的服饰，不越雷池一步。

宋人叶梦得《石林燕语》卷六记载："国朝既以绯紫为章服，故官品未应得服者，虽燕服亦不得用紫，盖自唐以来旧矣。太平兴国中，李文正公昉尝举故事，请禁品官绿袍，举子白纻，下不得服紫色衣；举子听服皂，公吏、工商、伎术通服皂白二色。至道中，弛其禁，今胥吏宽衫，与军伍窄衣，皆服紫，沿习之久，不知其非也。"宋代服饰强调的是各有本色，也就是说不同身

① 黄强：《服饰礼仪》，第 74 页，南京大学出版社，2015 年。

图 12-2　宋代素纱圆领单衫实物
名称已经交代了该款服饰的特点，以轻薄的素纱为面料，素色，形制
圆领，表明这是一款平民服饰。

份的人，需要依据其身份，穿着与自己身份相符的服装。官员
们有官服，依品级穿衣，百姓有百姓的服饰规定，在服色与款
式上不能随意穿戴，在限定的面料、款式、服色上则可以随意。

孟元老《东京梦华录》记载："又有小儿着白虔衫，青花
手巾，卖辣菜，干果之类。""街坊妇人，腰系青花手帕，绾危髻，
为酒客换汤斟酒。……其士农工商，诸如行百户衣装，各有本色，
不敢越外。"

居庙堂之高则穿官服，处江湖之远则着便衣。宋代的官员
能如此转换角色的并不多，如范仲淹所说的"居庙堂之高则忧
其民，处江湖之远则忧其君"，心系国家、人民、君主、社稷
的人并不多见，北宋名相王安石算是一位。他罢相后出任江宁
知府，在距离钟山七里的北塘，自己修建了半山园住所，原本
就不太讲究仪容的他，脱掉紫色官服，换上平民服饰，反而更

图12-3 穿直裰戴东坡巾的苏东坡

直裰本为僧人所穿，但是在北宋文人中颇为流行，苏辙《答孔平仲惠蕉布诗》云："更得双蕉缝直掇，都人浑作道人看。"东坡巾又名乌角巾，《三才图会》云："东坡巾有四墙，墙外有重墙，比内墙少杀，前后左右各以角相向，着之则有角介在两眉间，以老坡所服，故名。"苏东坡这一身装扮，被后人视为宋代文人最潇洒的仪容，成为文人效仿的形象。

自在①。他时常骑着一头驴子，带着书童，在南京游山玩水，吟诵诗词。

退仕的官员，隐逸的士人，洒脱的文人，市井的百姓，钟情于直身宽大的袍服，这种服装宋代叫直裰，即长衣，在背后有缝纫的中缝，一直通到下面，故称直裰，又称直身，也有说长衣无襕的叫直裰。宋代还出现过以素布制作的直掇服饰，形制为对襟大袖，衣缘镶嵌有黑边。此服原为僧人、道士之服，宋朝人赵彦卫《云麓漫钞》谓："古之中衣，即今僧寺行者直掇。"到了元明时期，直裰演变成士人庶民的服装，形制略有变异，大襟交领，下长过膝②。

宋代士人服饰以襕衫为主，在衫的下摆加以横襕，过去有"品官绿袍，举子白襕"的说法，也就是穿红挂绿是官员官服的颜

① 黄强：《南京历代服饰》，第77页，南京出版社，2016年。
② 周汛、高春明：《中国历代服饰大观》，第284页，重庆出版社，1996年。

色，士人出仕前，还是平头百姓，只能穿白色的服饰。白色与黑色是古代底层官吏、百姓服饰的主要服色，古代有皂隶一说，就是底层未入流的官差，如衙役、捕快、牢头，都穿黑色制服，看他们服色就知道其身份。而老百姓除了黑色、褐色，只能穿白色服饰。

书童是短衣襟小打扮，也就是上衣下裤的装束，宋代名之为短褐，身狭、袖小，又称之为箭（通筒）袖的襦。褐衣一般指不属于绫罗锦一类面料的，通常用麻或毛织成的短衣，比短褐略为长、宽些，总体上还是短、窄。

宋代的文人还喜欢穿鹤氅。

图12-4 睢阳五老图冯平像（美国弗利尔博物馆藏）
图中共绘五位老人，这是五老之一的冯平像，戴东坡巾，穿大袖长袍。

鹤氅又称道衣，是以鹤的羽毛及其他鸟毛捻织成的贵重裘衣，道家的法服，即道士的职业装。道衣（鹤氅）诞生于晋朝，但在晋朝也并不仅是道士所穿。因其有仙风道骨的风尚，受到晋时士人的推崇。在宋代鹤氅的内涵发生了变化，不再只是道士的制服，还是社会上一般文人士子的服饰。形制为斜领交裾，四周用黑色为缘，服色为茶褐色。不过宋代的鹤氅面料并不是裘皮，而是布、麻等普通材料，他们之所以将宽大的服饰称为鹤氅，取鹤的高洁，仙道临风之意。

宋人王禹偁《黄冈竹楼记》中有"公退之暇，被鹤氅衣，戴华阳巾"。某版本《古文观止》的注释认为华阳巾是道士所戴的巾，也不符合实际。官员退居，未必信奉道教，也不穿道士之服，只是类似道衣而已。华阳巾属于隐士逸人所戴的纱罗头巾，乃是宋代文人雅士的习惯穿戴，相传为唐代诗人顾况所创制，顾况晚年隐居山林，常戴此巾，其号华阳山人，因此得名。唐人陆龟蒙《华阳巾》云："莲花峰下得佳名，云褐相兼上鹤翎。须是古坛秋霁后，静焚香炷礼寒星。"

宋代女性服饰繁多，主要有袄、襦、衫、褙子、半臂、裙子、裤、袍、领巾、抹胸、肚兜、膝裤、袜之类。

宋代男子服饰则相对简单，"平民男子衣着日短，巾裹已无一定式样，且不以腰椎髻为嫌"①。《清明上河图》中画了很多市民，衣着各不相同，各有本色，如果不是作者亲眼所见，如何能绘制得如此准确而多样？

三、男女通穿背子

宋代代表性的服饰有多种，大袖衫、幞头以及背子。背子又作褙子，来源于半臂，形制为前后两片，一块护胸，一块护背，但是与半臂的形制并不相同。直领、对襟，中间不施衿纽。两襟的边缘施以镶边，袖子有宽、窄两种。

背子在宋代颇为流行，男女通用，不分官民士庶，适用性广泛。如果我们可以穿越到大宋，走在繁华的都市，如《清明上河图》中汴河的两岸，可以看到很多很多穿背子的人群，仅仅从后背已经分辨不出男女，因为男男女女，老老少少，都穿

绣罗衣裳照暮春

164

——古代服饰与时尚

---

① 沈从文：《中国古代服饰研究》（增订本），第 340 页，上海书店出版社，1997 年。

背子。背子就是宋朝人的流行服饰，时尚潮流。

宋代男子穿背子也比较普遍，对于男子来说，背子属于非正式礼服，以在家待客作简单礼服，和作衬服的为多。宋代官员穿背子不能像平民百姓那么自由、随意，因为官员有身份限制，背子只能衬里穿，不能作为正装。官员的背子品种还是很多的，有红团花背子、小帽背子等。

女子穿背子就自由多了，背子对于宋代的女性来说是非常重要的一种服饰，可以作为第二等的礼服，也可以作为常服。

背子远比直裰要鲜亮。笔者概括，如果直裰、道衣、鹤氅属于普通服饰，那么背子就属于时尚之服。

四、商业繁华催生行业服

宋代平民服饰还有一个独特现象，出现行业制服。《东京梦华录》卷五说："其卖药卖卦，皆具冠带……士农工商，诸行百户，衣装各有本色，不敢越外；谓如香铺裹香人，即顶帽披背；质库掌事，即着皂衫，角带，不顶帽之类。都市行人，便认得是何色目[1]。"文献记载的是东京汴梁做生意的人，要依

图 12-5　宋代平民服饰（摘自《中国古代服饰史》，黄沐天设色）《清明上河图》中平民形象。宋初平民只能穿白麻布衣，一般不允许穿黑衣，穿黑衣需要特许。不能穿丝绸料的杂色彩衣。除黑、白两种服色，其他色泽的服饰是不许平民穿戴的。

---

[1]　〔宋〕孟元老撰，王永宽注译：《东京梦华录》，第87页，中州古籍出版社，2018年。

据行业特点，穿戴行业服饰（制服），香铺的店家戴顶帽，围披肩，店铺中的管事（主管、经理）要穿黑色短袖单衣，腰间束角带，不戴顶帽。但是这样的行业制服与市场管理方法，并不局限于汴梁。

以制服来辨别职业（行业），提供精准服务，提高工作效率，是宋代市场管理的经验。宋代商业繁荣，北宋的汴梁（今开封），南宋的临安（今杭州），都有繁华的商业街，店铺鳞次栉比。根据从业者的行业特点，穿着特定的制服，顾客一目了然就能分辨出行业与人员，而且看出谁是伙计谁是主管，方便商家做生意，也便于顾客选择，遇到问题还方便投诉。其至餐饮业也有制服，宋代的厨娘更换"围袄围裙，银索攀膊"，戴名称为"元宝冠"的工作帽——这可以视为后世厨师高冠帽，以帽子高低分别厨师等级的先声。主管与伙计制服的等级差别，可以概括得出这样的结论：宋代服饰的等差制度，不仅仅体现在官服中，也体现在商业经营中。

五、风尚清雅罗轻盈

崇尚简朴，服饰以清雅为主，并不是说宋代就没有艳丽的服饰，奢华的风姿。宋代的丝织品非常发达，织锦名品也有一百多种，各地织锦色彩鲜艳，鸟兽花纹精美，还有薄如蝉翼、望之若雾的轻纱面料，陆游《老学庵笔记》卷六记载："亳州出轻纱，举之若无，裁以为衣，真若烟雾 [1] 。"

---

① 〔宋〕陆游撰，杨立英校注：《老学庵笔记》，第 226 页，三秦出版社，2003 年。

图 12-6　宋代平民上衣下裳（南宋李唐《村医图》局部，台北故宫博物院藏）

绢本，淡设色。描绘走街串巷的郎中为村民治病的情形。郎中与村民的服饰为上衣下裳，即民间常说的短衣襟小打扮。

宋代手工业、纺织业与商业非常发达，全国多地河北、江苏、四川都有著名的纺织品种，仅四川官府的锦院就能织出上百个品种，有八搭晕锦、盘球锦、葵花锦、翠地狮子锦、天下乐锦、雪雁锦、春采如意牡丹锦、真红大百花孔雀锦等[①]。宋代还出现了很多纺织新品种，罗在宋代风靡一时。罗分为素罗和花罗，素罗即单色罗，是一种清淡素雅的罗；花罗又称提花罗，在罗的组织上织出各种花纹图案。

宋代每年按品级分赏"臣僚袄子锦"，共分七等，赠送翠毛、宜男、云雁细锦、狮子、练雀、宝照大花锦、宝照中花锦等花纹织锦[②]。无论从数量、品种、品质哪方面来说，南方纺织业在宋代都全面超越了北方。

---

① 赵超：《霓裳羽衣——古代服饰文化》，第 211 页，江苏古籍出版社，2002 年。
② 吴淑生、田自秉：《中国染织史》，第 173 页，上海人民出版社，1986 年。

第十三章　厨师等级始于高冠

——宋代高峨厨师帽

给人戴高帽子，是我们生活中经常出现的用语。"高"在现代汉语中就有高度、等级在上、称赞别人表示敬意的意思，比如说某人的意见、观点是"高论""高见"。"高帽子"的含义是恭维，给人戴高帽子就是恭维、抬举、吹捧。

一、帽子高低代表职位、手艺

恭维的话，总是受到欢迎；而忠言逆耳，往往忠而被谤。历史中因进忠言被贬，进谗言受重用的事例不胜枚举。给人戴高帽子就属于其中的一种。中国人喜欢戴高帽子，给别人戴高帽子在中国有着悠久的历史与民族的传统。看一看中国冠帽流变史，就明白此话并非虚言。

日常休闲，四处走走，免不了要品尝当地的美食，见到饭馆，时常见到戴着白色高帽子的厨师，尤其是星级饭店，厨师的白帽子有高有低。遇到了解当地风俗民情以及市场行情的导游，他就会告诉你，白帽子尺寸的高低代表着厨师的职务与等级，行政大厨的帽子很高，甚至高约一尺，而那些帽子高度只有几寸的厨师就是普通的低级厨子了。

图13-1　宋高冠温酒厨娘（摘自《中国古代服饰研究》，黄沐天设色）河南偃师酒流沟宋墓出土砖画。温酒的厨娘戴高冠，穿对襟旋袄、长裙。

为什么厨师在帽子上标示行政级别、手艺水准，而干嘛不像军人那样，在军服上以军衔、胸饰来表明职务的高低，岂不一目了然？原因在于厨师的职业特点，围着锅台转，身上不能像军服那样披挂着各种配饰，不方便，也不卫生。一袭白衣最适合在灶台上操作，方便、简洁、卫生。但是职位尊卑、手艺高低如何表现呢？精明的古代中国人想出了在帽子上做标识的法子。厨子手艺高低，先看帽子高低就知道一二，又不用制服配饰的披挂，干净利索。亏古人想出这样的高招！

如今在现实生活中戴高帽子的遗风还有，厨师就是保留戴高帽子传统遗风的职业群体，尽管厨师的高帽在形制上已经变异。

二、高冠的历史渊源

高冠、高帽子在中国是有历史渊源的。古代的冠就是在头顶上佩戴的高出头发的一件饰物，巍峨高耸的造型，有一种高大、威武、庄严的形象。无论是帝王的冕，还是臣僚的进贤冠，武将的武冠，以及后世的幞头、乌纱帽，乃至妇女的发髻，都是高大、高耸的，其造型更是特别，尤其是女性的发髻，如六朝时期的飞天髻、盘桓髻、灵蛇髻等高髻。

将冠子作为头饰，尤其是女性的头饰，马缟《中华古今注》认为始于秦朝，"冠子者，秦始皇之制也。令三妃九嫔，当暑戴芙蓉冠子，以碧罗为之，插五色通章苏朵子……令宫人当暑戴黄罗发髻、蝉冠子，五色花朵子[1]"。

---

[1] 〔五代〕马缟撰，李成甲校点：《中华古今注》，第20—21页，辽宁教育出版社，1998年。

无论是高大的发髻，还是高峨的帽子，可以将身材的造型拉长，衬托出身材的修长。六朝时期的人们已经知道借助发型来衬托身材，到了清代，旗人旗髻也属于高髻。清代旗女头梳髻拉翅发型，形成高峨的发髻造型，脚登盆底鞋，原本可能并不修长的身材变得高挑，亭亭玉立。高帽子同样具有这样的作用。历史上的冠冕、高冠，除了标等级、明贵贱的政治意图，和作为等级标识外，也具有威武、美化的功能，托出身材的高大，气势的威严。

武将的头盔、武冠不要说，巍峨高大，文官帽子中，如汉代的进贤冠、宋代的幞头、明代的乌纱帽，不一定都会是高高大大的高冠，但是展示的空间很大，总体上也都属于高冠之类。古代帝王戴冕，冕前后有旒，一方面是提醒帝王注意仪容，要目不斜视，另一方面增强了威严的气势。高峨的帽子一戴，就有了几分庄严的神情，不怒自威，有那么一种气场，可以增加自己的威信，给对方一种威武的震慑。

三、宋代厨娘戴元宝冠

宋代流行高冠，宋代女性倾向于戴高冠、梳高髻，而在宋代厨娘中更是流行戴元宝冠。宋代妇女沿袭五代之风，仍有戴高冠之习尚。《江南余载》记载："蜀之末年妇人竞戴高冠子。"《宋史·舆服志五》记载："端拱二年（989），诏县镇场务诸色公人并庶人……不得服紫……妇人假髻并宜禁断，仍不得作高髻及高冠[1]。"宋代的冠子很多，专门用于女性的冠子就有珠

① 〔元〕脱脱等撰：《宋史》点校本，第 3574 页，中华书局，2017 年。

冠、团冠、高冠①、朵云冠、四直冠、霞冠、堆枕冠、柘枝冠等②。

因为厨师在古代属于低微职业，更何况是地位原本就低下的女厨娘，正史上没有对她们事迹的记载，更不要说对职业服饰的记录。不过民间倒是保留了她们的一些资料。河南宋墓出土的画像砖石中二妇人，头上戴的即是高冠③，此冠与陕西晋祠宋塑女像所戴的高冠形制也是相似的。这两个妇女的形象，着窄袖上襦，下系裙。一妇胸腹前围一围裙，臂间缚有手臂构。额式作三至四之垂圈式。裙有细裥，像有裙门，两旁打裥。

在宋代的厨娘中流行过一种高冠帽，因形制如同元宝，故名元宝冠。河南偃师酒流沟北宋墓出土的北宋厨娘砖刻中的图像，显示厨娘梳高髻，戴元宝冠，穿右衽衫，束格子布围裙，下穿长裤，翘尖鞋，双臂戴条脱（臂钏）。第二幅砖刻中，厨娘梳高髻，戴元宝冠，穿对

图 13-2　宋代戴高冠束发厨娘泥塑（摘自《中国历代服饰泥塑》）
河南偃师酒流沟宋墓出土。戴高冠，梳高髻，穿交领衣、围腰、对襟旋裙、长裙，戴钏镯的厨娘。图像未说明厨娘正在施展什么厨艺。厨娘身份的标志就是高冠。

---

① 周锡保：《中国古代服饰史》，第292页，中国戏剧出版社，1986年。
② 田苗：《女性物事与宋词》，第26—28页，人民出版社，2008年。
③ 周锡保：《中国古代服饰史》，第299页，中国戏剧出版社，1986年。

图 13-3　宋代戴高冠髻做
鱼宴厨娘（摘自《中国古代
服饰研究》，黄沐天设色）
河南偃师酒流沟宋墓出土砖
画。厨娘戴高冠，穿小袖对
襟旋袄、长裙，外系围裙。

襟旋袄，袄内穿双裙，右侧结环组带下垂，双臂戴臂钏①。对于
元宝冠，周汛、高春明的《中国衣冠服饰大辞典》并没有辞条
解释。沈从文先生分析：本来应该是家庭厨娘的形象，但是和《东
京梦华录》"饮食果子"条记北宋汴梁（开封）卖酒妇女服饰
有相通处②。宋代的厨娘并非家中烹饪的主妇，而是服务社会的
劳动者，即以厨艺手艺自食其力。宋人洪巽《旸谷漫录》记有
厨娘帮厨的事迹："京都中下之户，……每生女，则爱护如捧
璧擎珠。甫长成，则随其姿质，教以艺业，名目不一。有所谓

① 黄能馥、陈娟娟：《中国服装史》，第 207—208 页，中国旅游出版社，
　 1995 年。
② 沈从文：《中国古代服饰研究》（增订本），第 361 页，上海书店出版社，
　 1997 年。

身边人、本事人、供过人、针线人、堂前人、杂剧人、拆洗人、琴童、棋童、厨娘等级，截乎不紊。就中厨娘最为下色，然非极富贵家不可用。"厨娘在宋代是一种职业，主要输送到富贵人家，成为富贵之家的家厨。

厨娘在富贵之家做家厨，除了姿色尚可、手艺有独到之处等要求，平时调羹做菜也要注意饮食卫生，要换上工作服，"厨娘更围袄围裙，银索攀膊"，还要戴上工作帽即元宝冠，一点不能马虎。如此看来，宋代对家庭厨娘的要求，比如今家政服务员、钟点工上门烧菜做饭的要求要高很多，大概古人因饮食关乎生命健康而更为重视。对厨娘职业服的限制，其实也是为了烹饪合乎卫生的要求，杜绝"病从口入"吧。

第十四章　暖风轻袅鹖鸡翎

——元代的姑姑冠

一个时代有一个时代的精神，一个朝代的服饰同样体现时代的特征以及审美情趣。元代是由蒙古人建立的王朝，在逐鹿中原之时，受到汉文化的影响，吸纳了汉文化，不过服饰上仍然保持着民族的特点。

一、高峨姑姑冠

我们从传世图像中可以看到，元代女性的冠非常特别，其高耸巍峨的样子，如同一根棍子竖立起一个平台，与其他朝代的高冠、高髻都不同。

姑姑冠亦叫作罟罟、固姑、故姑、顾姑、箍箍等，是宋元时期蒙古族贵妇所戴的一种礼冠。一般以铁丝、桦木或柳枝为骨，外裱皮纸绒绢，插朵朵翎，另饰金箔珠花。宋人孟珙《蒙鞑备录》云："凡诸酋之妻，则有顾姑冠，用铁丝结成，形如竹夫人，长三尺许。用红青锦绣，或珠金饰之。"

陈元靓《事林广记·后集》亦云："固姑，今之鞑旦、回回妇女戴之，以皮或糊纸为之，朱漆剔金为妆饰，若南方汉儿妇女则不戴之。"说的很明确，姑姑冠是蒙古族、回族

图 14-1　元代妇女姑姑冠（摘自《中国历代妇女妆饰》）
明周宪王《元宫词》云："罟罟珠冠高尺五，暖风轻袅鹨鸡翎"说的就是这种冠，词中所云冠高尺五，可见姑姑冠很高。

妇女戴的冠，南方的汉族男子、妇女都不戴这种高高的姑姑冠。周汛、高春明先生指出："姑姑冠冠顶另插细枝若干，行动时飘舞摇曳[①]。"

二、饰物分等级

姑姑冠高出的部分按照不同的等级而区别对待，视戴冠者身份而定。徐霆对宋人彭大雅《黑鞑事略》注疏时指出："姑姑冠之制，用画（桦）木为骨，包以红绢金帛。顶之上，用四五尺长柳枝，或银打成枝，包以青毡。其向上人，则用我朝翠花或五采帛饰之，令其飞动。以下人，则用野鸡毛。"制作这种冠子，或用东北产的桦木，或用铁，外糊绒锦，饰以珠玉[②]。"翠花或五采帛"妆饰，就会使得姑姑冠色彩亮丽，鲜艳，高贵，而"野鸡毛"妆饰，格调就下降了很多，失去了尊贵的标志。

图 14-2　元皇后像（故宫博物院藏）
姑姑冠是元代女性首服中最有民族特色的冠式，后妃与大臣之妻才有资格使用。

姑姑冠的冠饰非常高大，长长高高的，有三尺的高度，甚

---

① 周汛、高春明编著：《中国衣冠服饰大辞典》，第 56 页"顾姑"条，上海辞书出版社，1996 年。
② 沈从文：《中国古代服饰研究》（增订本），第 437 页，上海书店出版社，1997 年。

图 14-3 元代敦煌壁画戴姑姑冠供养人（摘自《中国古代服饰研究》，黄沐天设色）姑姑冠主要是元代贵族女性所用，北方汉族女性的丈夫如果也是元朝大臣偶有使用的，供养人像依据的是供养人形象绘制，因此敦煌壁画中的戴姑姑冠形象应是以蒙古人形象为依据，女供养人身后的童子所戴的冠乃是元人的大帽。

至高达四五尺。冠饰高大，于室外，尤其是大漠旷野中，在大风吹动下，越发显示出摇曳的姿态。中国古代衣冠发明，多依据鸟兽髯胡之制[①]。在自然界，鸟兽的冠饰也是吸引异性的显著部位，大漠之地的游牧民族对于动物非常熟悉，产生如此高大的姑姑冠，想来也是深受自然界现象的影响。只有在"大漠孤烟直，长河落日圆"的一望无际的沙漠地带，才需要如此高大、醒目的高冠。在中原地区，视野并不开阔的地方，这样高大的冠，非常累赘，有碍视线。此外用冠饰的饰物来区别戴

① 黄强：《服饰礼仪》，第 2 页，南京大学出版社，2015 年 8 月。

冠者的身份、级别也成为姑姑冠的产生可能受到自然界动物形态影响的佐证。身上装饰越是浓艳、华丽的鸟类，越会受到异性的青睐。

姑姑冠流行于元代贵族妇女之中，盛行于北方地区，在敦煌壁画中也有戴姑姑冠的供养人形象。汉族女性很少戴，在南方的汉族女性中并没有出现这种冠式①。

三、姑姑冠的前世今生

姑姑冠据称出自宋代的柘枝冠。柘枝冠本是宋代柘枝舞乐伎表演节目时戴的一种冠子，宋人俞琰《席上腐谈》云："向见官妓舞柘枝，戴一红物，体长而头尖，俨如靴形，想即是今之罟姑也。"换言之，宋时的柘枝冠形制类似金、元时期流行的姑姑冠②。

从其形制上来说，很有道理，因为宋代的柘枝冠与元代的姑姑冠有相似的地方。不过，笔者认为姑姑冠的来源应当由宋代的柘枝冠追溯到魏晋时期的高髻。

中国女性在发髻设计与冠饰制作方面，对高大有一种特殊的情结，偏爱高髻、高冠。魏晋时期的灵蛇髻高约一尺，如一个巨大的华盖顶在头顶，已经具有了高峨的形态。盘桓髻始于汉代，盛行于六朝，沿袭至隋唐。形制为梳挽时将发掠至头顶，合为一束，盘旋成髻，远望如层层叠云。宋文帝时宫娥创制了飞天髻，形制为梳挽时将发掠至头顶，分成数股，每股弯成圆

① 周锡保：《中国古代服饰史》，第356页，中国戏剧出版社，1986年。
② 田苗：《女性物事与宋词》，第27页，人民出版社，2008年12月。

图 14-4 元代贵族女性形象（摘自《中国历代妇女妆饰》）姑姑冠的顶端插上鹖毛，冠的造型是圆柱形，属于礼服冠。另有烛台形的姑姑冠，鹖毛非常长，冠式更为高大，鹖毛摇曳，在空旷的草原上更为醒目。

环，直耸于上。这种高髻，后来由宫廷流传到民间，成为社会流行的一种发髻。东晋时期的女性喜欢用假发来妆饰，这种假发大多很高，无法竖立起来，便向下靠在两鬓及眉旁，或者用木头支撑，古籍中说的"缓鬓倾髻"说的就是这种情况①。

此外，晋代还流行过一种高大的发髻——飞天髻，《宋书·五行志》："宋文帝元嘉六年，民间妇女结发者，三分发，抽其鬟直向上，谓之'飞天纷'。始自东府，流被民庶②。"庾信《春赋》有云："钗朵多而讶重，髻鬟高而畏风。"高大的发髻在头顶上形成一个巨大的盘结，高耸，造型奇特，在头上顶一个巨大的发髻，可以衬托出身材的修长，有很强烈的视觉效果。

---

① 李秀莲：《中国化妆史概说》，第 33 页，中国纺织出版社，2000 年。
② 〔梁〕沈约撰：《宋书》点校本，第 890 页，中华书局，2019 年。

隋唐的发髻高度比魏晋时期有所下降，但是女性仍然痴迷高髻，仍然喜欢在顶上做成各种造型，其形制也非常独特。到了宋代女性又流行高冠，甚至厨师都钟情于高冠，并以高冠来区别身份、职别。

由此可见，魏晋时期产生的高髻，隋唐流行的高髻，宋代的高冠，都应该是元代高冠姑姑冠的前世。

大概高髻有一种强烈的视觉冲击力，颇具吸引力，而宫中的嫔妃，乃至宫人，最需要的就是得到宫廷里高高在上的帝王的注目，于是她们挖空心思，设计、制造出非常夸张、非常奇特的高峨发髻，来增加自己的美感。魏晋时期的女性已经懂得借助木笼，做成高大的假发髻，有飞跃、飘逸之感。

图 14-5 元代高冠（摘自《中国古代服饰史》）

姑姑冠尽管以高大取胜，但是在造型上也有区别，有圆柱形，也有烛台形。在以凉竹编织的圆柱上，再插上鸡尾，竖得很高，有二三尺之高。

　　从服饰的流变来说，清代旗人女性头梳奋拉翅发型，形成高峨的发髻造型，脚蹬花盆底鞋子，显示出穿着者的亭亭玉立，笔者以为从产生的造型效果与视觉冲击来看，与元代姑姑冠两者是相同的。由此推测旗人女性的奋拉翅发型，或许受到过六朝飞天高髻以及元代姑姑冠的影响。从这个方面讲，清代奋拉翅就是姑姑冠的"今生"。

　　类似的高大发型，在如今的一些带有表演色彩的时装展示会、发型秀等活动中也可以看到的，不仅有蓬松高大的发型，还有头顶装饰性小房子等造型，与元代姑姑冠有异曲同工之妙。

第十五章 掩不住的风情

——背子与比甲

一个时期有一个时期的代表，如文学中的唐诗、宋词、元曲、明清小说，服饰也不例外。中国服饰在不同的时期有不同的代表，如秦汉时期的深衣，魏晋时期的大袖衫，宋代的幞头，明清时期的补服，民国的旗袍等。背子与比甲则是宋元明时期的女性代表服饰。

在明代小说中，就有很多关于背子和比甲的描写。例如《西游记》第 23 回：只见那妇人出厅迎接，"穿一件织金官绿纻丝袄，上罩着浅红比甲"。《金瓶梅》第 2 回：潘金莲出场，"毛青布大袖衫儿，背儿又短，衬湘裙碾绢绫纱"。第 23 回："李娇儿是沉香色遍地金比甲，孟玉楼是绿遍地金比甲，潘金莲是大红遍地金比甲。"

图 15-1　宋代紫灰皱纱镶边背子（摘自《中国历代妇女妆饰》）
宋代黄昇墓出土。黄昇是南宋一位宗室贵妇，去世时年仅十七岁。她墓葬中出土成件的服饰及丝织品 354 件，其中服饰 201 件，整匹高级织物及面料 153 件，从数量与质量上都验证了宋李邦献《省心杂言》中的记载："晚近以来，妇女服饰，异常宽博，倍费绫缣，豪富之家，不念贫困之苦，悉衣锦绣。"

一、何谓背子

何谓背子？背子又作褙子，又名绰子，又称背儿，省称背。背子有两种说法：一是指短袖上衣，也有说背子就是半臂。宋代高承《事物纪原》卷三："隋大业中，内宫多服半臂除，即长袖。唐高祖减其袖，谓之半臂，今背子也。"二是指妇女常服，形制为对襟、直领，两腋开衩，下长过膝。本文所说背子指后者。

对于背子的产生、名称与形制颇多争议。《事物纪原》说背子诞生于隋大业年间，出自宫廷。也有一种说法认为背子创自于明武宗朱厚照的正德朝，清代顾炎武对此提出了质疑。《日

图 15-2　宋代背子穿戴展示图（摘自《中国历代服饰》）
背子在两宋时颇为流行，宋人《济南先生师有谈记》："衣黄背子，衣无华彩。"

知录》说："《戒庵漫笔》云：罩甲之制，比甲稍长，比袄减短，正德间创自武宗，近日士大夫有服者。按《说文》：'无袂衣谓之裲。'赵宧光曰：'半臂衣也，武士谓之蔽甲，方俗谓之披袄，小者曰背子，即此制也。'《魏志·杨阜传》：'阜尝见明帝，着帽被缥绫半袖。问帝曰，此于礼何法服也？'则当时已有此制 [1]。"宋人《东京梦华录》已经记录了背子的存在，所谓背子产生于明代正德朝的观点就不攻自破。

背子来源于何种服饰？有说背子来源于半袖，或说源于半臂，或来源于裲裆。清代赵翼《陔余丛考》说："赵宧光以为即半臂，其小者谓之背子。此说非也。既曰半臂，则其袖必及臂之半，正如今之马褂。其无袖者乃谓之背子耳。背子即古裲裆之制。《南史·柳元景传》：薛安都着绛衲裲裆衫，驰入贼阵。《玉篇》云：裲裆，其一当背，其一当胸。朱谋㙔《骈雅》：裲裆，胸背衣也 [2]。"

何为半袖？短袖之襦。汉代刘熙《释名·释衣服》："半袖，其袂半襦而施于袖也。"形制为长不过腰，通常罩于长袖衣之外，取其便利。汉魏时期男女通用，一般作为家居便服。何为半臂？短袖上衣，名称始见于唐代，由汉魏半袖发展而来。形制为对襟，短袖，长及腰际。两袖宽大而平直，长不掩肘。半袖、半臂的"半"字已经说明袖短，一半之意。袖短，仅为正常袖长一半，到肘，正是着眼于袖短的便利。唐初半臂为宫中侍女之服，着之以便劳作。初唐晚期流及民间，成为唐人的常服。宋、辽、金、元

---

① 〔清〕顾炎武著，黄汝成集释：《日知录集释》，第660页，中州古籍出版社，1990年。
② 〔清〕赵翼撰，曹光甫校点：《陔余丛考》，第673页，上海古籍出版社，2012年。

图 15-3　唐代女性着半臂（摘自《中国历代服饰泥塑》）
陕西乾县唐代永泰公主墓壁画中的女性形象，宫女大多着半臂，与襦裙、披帛搭配。这时期半臂为对襟，衣式短小，长及腰间。

时期的妇女也穿半臂，陆游《微雨》诗云："呼童去半臂，吾欲傍阶行。"内蒙古赤峰宝山元墓壁画就有妇女穿半臂的形象①。明清时期的妇女，仍有着半臂的。明人西周生《醒世姻缘传》第2回："计氏取了一个帕子裹了头，穿了一双羔皮里的段靴，加了一件半臂。"

　　赵翼《陔余丛考》所云背子来源于裲裆，因裲裆是前后两片，与背子有相同之处，但是并不准确。裲裆、背心均无袖，而背子有袖。即便是半袖、半臂也是有袖的，只是袖短。

　　杨荫深先生说："背子亦称为背心或马甲，无袖而短，通常着于衫内或衫外。昔年妇女所着又有长与衫同的，称为长马甲②。"杨先生认为背子就是背心、马甲，也不准确。马甲也无袖。赵翼、杨荫深对于背子的来源表述都不准确。

　　明代王圻《三才图会·衣服》说背子又作褙子："即今披

①　高春明：《中国服饰名物考》，第561页，上海文化出版社，2001年。
②　杨荫深：《细说万物由来·衣冠服饰》，第125页，九州出版社，2005年。

风，《实录》曰，秦二世诏朝服上加褡子，其制袖短于衫，身与衫齐而大袖。宋又长于裙齐而袖绕宽于衫[1]。"对于《三才图会》附录的褡子图，杨荫深做了比较，"观其形，与衫略同，问惟为对襟而已。按：今亦有披风，无袖而披于衣外，用于蔽风，故名。然与褡子实不类，古称为霞帔"。根据《三才图会》中的褡子图比对，发现褡子与披风并不相同，属于两个服饰品种。

背子前后两片，一块护胸，一块护背，但是与半臂的形制并不相同。半臂有袖系短袖，裲裆无袖。从便于理解角度，我们说背子类似于背心，类似于半臂。但是并不能因此说背子是背心＋袖。

背子形制为对襟、直领，两腋开衩，下长过膝。说赵翼、杨荫深表述不准确的第二个理由就是背子为对襟。背心有套头式、对襟式，但是对襟部位通常缀以系带，两襟有较大间隙，不要求贴合紧密。裲裆衫也基本这样，前后两片，前片与后面之间缀以系带。背子的对襟部位缀以纽襻，两襟对接完整。

背子在宋代是男女通穿，但是在使用、形式与时间方面都有不同。有长短、宽袖与窄袖的不同。

宋朝褡子的领型有直领对襟式、斜领交襟式、盘领交襟式三种，以直领式为多。两宋时背子罩在襦袄之外，上至后妃，下至妓妾，宴会与日常活动中均可着此。两宋时期背子是仅次于大袖衫的女性主要服饰，颇为流行[2]。

① 〔明〕王圻、王思义编集：《三才图会》，第1535页，上海古籍出版社，1993年10月。
② 周汛、高春明编著：《中国衣冠服饰大辞典》，第226页，上海辞书出版社，1996年。

明代背子分宽袖褙子、窄袖褙子两种。妇女穿着多为直领对襟式。衣长不等，前襟不施袢纽，袖子可宽可窄；衣服两侧开衩，或从衣襟下摆至腰部，或从腋下一直开到底。背子斜领和盘领二式只是男子穿着公服时里面所穿。

二、穿背子的人群

宋代背子是男女都穿，形制略有差别。背子不像其他服饰有特别的规定与人群，在宋代，上至皇帝、官吏、士人，下至仪卫、商贾，都会穿着。在古代服饰等级制度中，有如此宽泛的适应对象的服饰，并不多见。

皇帝穿背子，《玉音问答》记载："朕已去绣纱绰子讫，卿亦可便服。"《晁氏客语》也记载："哲宗即位于枢前，即衣此背子也。"

官吏穿背子。宋人陆游《老学庵笔记》卷二曰："背子背及腋下皆垂带。长老言，背子率以紫勒帛系子，散腰则谓之不敬[1]。"

士人穿背子。《爱日斋丛钞》："有黄生名允者，初冬无衣，陈无己赠背

图 15-4　宋代背子（摘自《中国历代妇女妆饰》）宋代妇女常服，对襟，直领，两腋开衩，下长过膝。

---

① 〔宋〕陆游撰，杨立英校注：《老学庵笔记》，第71—72页，三秦出版社，2003年。

子，坚不受。"

仪卫穿背子。《东京梦华录》说：驾行仪卫中"诸班直、亲从、亲事官，皆帽子、结带、红锦或红罗上紫团答戏狮子、短后打甲背子，执御从物。御龙直皆真珠结络、短顶头巾、紫上杂色小花绣衫，金束带、看带、丝鞋。天武官皆顶朱漆金装笠子、红上团花背子。三衙并带御器械官，皆小帽、背子或紫绣战袍，跨马前导。千乘万骑，出宣德门，由景灵宫太庙①。"

宋代女子穿背子更为普遍，比男子穿的人多，而且流行穿背子。其适应的人群也很多，皇后、嫔妃、公主，家庭主妇、活跃于市井社会的媒婆，以及歌妓、乐女。

皇后、妃子、公主穿背子。《宋史·舆服志三》记载：乾道七年定"其常服，后、妃大袖，生色领，长裙，霞帔，玉坠子，背子生色领皆用绛色，盖与臣下不异②。"宋人周密《武林旧事》

图15-5　宋代女性穿背子（南宋陈清波《瑶台步月图》，故宫博物院藏）
绢本，设色。此绘宋代女子中秋拜月的情景，月色空蒙，高台拜月，女子们着背子服饰，款式近似，衣边镶绲则不同，有素雅的，也有艳丽的。服饰的总体风格则以素雅为主。

① 〔宋〕孟元老撰，王永宽注译：《东京梦华录》，第181—182页，中州古籍出版社，2018年。
② 〔元〕脱脱等撰：《宋史》点校本，第3535页，中华书局，2017年。

记载：庆圣节"三盏后，官家换背子，免拜；皇后换团冠背儿；太子免系裹，再坐①。"此外，皇后归谒家庙，本阁官奏请皇后服团冠、背儿；公主下降有真珠大衣背子。

普通妇女，妓女、媒人也穿背子。《武林旧事》记载的"男子并令衫带，妇人裙背"即妇女着裙子和背子，"库妓之狰狰者，皆珠宝翠盛饰，销金红背②"。《东京梦华录》云："其媒人有数等。上等戴盖头，着紫背子，说官亲宫院恩泽；中等戴冠子，黄包髻，背子，或只系裙，手把青凉伞儿，皆两人同行③。"

根据上述的记载，可见宋代的背子是非常普及的服饰，但是背子之于宋代的男女还是有很大区别的。

三、男女穿背子的区别

背子在宋代是男女通穿的，江苏金坛宋人周瑀墓出土的服饰就有男子穿的背子。

男子穿背子，属于非正式的礼服，既不是上朝的朝服，也不属于祭祀等重大活动的礼服，以在家待客作简单礼服，和作衬服的为多。按照现在的话说就是不在正式场合穿着的正装。周锡保先生说："宋徽宗也在卸了正服龙袍后再换着背子，且上面又罩着道袍，这就是把背子作为衬服而不是作为礼服之用。至于官员们也只作为穿公裳时把背子作为衬服，士大夫们虽平时也有只穿背子见客，但也必须戴帽并以勒帛系束方为得体。

---

① 〔宋〕周密撰，李小龙、赵锐评注：《武林旧事》，第200页，中华书局，2007年。
② 同上书，第8页、第80页。
③ 〔宋〕孟元老撰，王永宽注译：《东京梦华录》，第94页，中州古籍出版社，2018年。

凡此所记，都说明背子是属于非正式礼服，而是在家作为会客时简便礼服或是衬服之用为多①。"

背子对于女性而言，则属于常服。《宋史·舆服志》规定：命妇以花钗冠、翟衣为正式礼服外，背子作为常服穿用。皇后受册后回来谒家庙时穿背子，节庆日时第三盏酒后要换成团冠背子；背子也是一般家庭未嫁女子和妾的常服。说到妾穿背子，又有背子之名由来的另一种说法，《朱子语类》记载："背子本婢妾之服，以其行直主母之背，故名背子。后来习俗相承，遂为男女辨贵贱之服。"在宋代，背子是次于礼服的第二等服饰。

女性穿背子，属于常服，仅次于大袖。《宋史·舆服志五》："淳熙中，朱熹又定祭祀、冠婚之服，特颁行之。凡士大夫家祭祀、冠婚，特具盛服。……妇人则假髻、大衣、长裙。女子在室者冠子、背子。众妾则假

图 15-6　南宋女性背子形象（摘自《中国古代服饰史》）
图像根据南宋萧照《中兴瑞应图》绘制，原画藏天津博物馆。绘画依据曹勋辑"瑞应诸事"所写赞文描绘而成，是一幅歌颂赵构重建王朝的作品。此卷现存四段。明代仇英临绘过此图。附图片依据仇英摹本绘制，将贵妇与侍女形象单独描绘出来，主要表现其服饰特点。

① 周锡保：《中国古代服饰史》，第310页，中国戏剧出版社，1986年。

髻、背子①。"宋代女性的背子，属于燕居之服，在家里穿的便服。正室夫人着背子，戴冠子，而小妾则穿背子，戴假发髻。

　　背子虽然属于女性居家的便服，地位还算较高，而宋代以后，背子的地位一落千丈，一度作为妓女的常服，相当于妓女的职业装。穿背子的女性，大家一看就知道，那是操皮肉生意的性工作者。这就像贴上一个标志，明明白白地划定了职业性。元代杨景贤《刘行首》第二折就说："则要你穿背子，戴冠梳，急煎煎，闹炒炒，柳陌花街将罪业招。"明代何孟春《余冬序录摘抄内外篇》卷一又指出："其乐妓则带明角，皂褙，不许与庶民妻同。"乐妓的背子是黑色的，与其他女性穿的背子，在服色上有区别。民间女子喜欢穿背子，只要不是黑色的，其他什么颜色都可以，人们也不会误解。而乐妓穿背子，必须是黑色的，不允许穿其他服色的背子，不能与其他女性的背子混淆。

　　服饰的时尚是流动的，就像河水，总是不停地向前流淌，一个潮流接着一个潮流，一种时尚跟着一种时尚，不断地变化，不断地创新；时尚也是轮回的，一个时期是一种时尚，过了一阵被新的时尚所代替，但是过了若干时间，以前的时尚又卷土重来，成为新的时尚。背子也是这样，宋代以后，地位下降的背子，一度沦为妓女的职业服，到了明代，背子又重回时尚的浪尖。背子地位上升了，成了贵妇的常服。官员夫人穿背子，宫中嫔妃也穿背子，只是在服色上区别，后妃背子用红色，普通命妇用深青色。

　　金代妇女的背子，对襟式，领加彩绣，前片与后片长度不一样，前面垂于地面，后面拖地五寸余。

---

① 〔元〕脱脱等撰:《宋史》点校本，第3577—3578页，中华书局，2017年。

图 15-7　明代宽袖背子穿戴展示图（摘自《中国历代服饰》）

背子在明代作为贵族女性常服，后妃用红色，命妇用深青。衣袖有宽窄之分，罩在襦裙之外。穿戴人群广泛，上至后妃，下至妓妾，礼见宴会都可以穿背子。

　　背子在明代成为女性的显贵服饰，与霞帔匹配，各有定制。宋代与明代的背子，款式有所差别。宋代背子比较长，甚至与裙子的长度相当，袖子是大袖。《事物纪原》就说："今又与裙齐，而袖才宽于衫。"明代的背子是四开衩形制。

　　明代背子为贵妇常服，后妃着红色，普通命妇着深青色。《明史·舆服志二》记载：洪武三年（1370）和永乐三年（1405）定皇后常服，真红大袖衣，衣上加霞帔，红罗长裙，红背子①。

　　洪武二十六年（1393）定："一品、二品，霞帔、背子俱云霞翟文，钑花金坠子。三品、四品，霞帔、背子俱云霞孔雀文，钑花金坠子。五品，霞帔、背子俱云霞鸳鸯文，镀金钑花银坠子。六品，霞帔、背子俱云霞练鹊文，钑花银坠子。七品，霞帔、

① 〔清〕张廷玉等撰：《明史》点校本，第 1623 页，中华书局，2016 年。

背子，与六品同。八品、九品，霞帔用绣缠枝花，坠子与七品同，背子绣摘枝团花[①]。"

四、比甲及其形制

比甲本为宋元服饰，在明代颇为盛行。

比甲形制似马甲，无袖，无领，对襟。分为两种：一种下长过膝，对襟，直领，穿时罩在衫袄之外，流行于宋代。宋人《耕织图》中妇女即穿此服。因其穿着便利，故多用于士庶阶层妇女。明代妇女也喜欢穿比甲，竞相穿用，成为流行服饰。《金瓶梅》第78回："孟玉楼与潘金莲两个都在屋里，……一个是绿遍地金比甲儿，一个是紫遍地金比甲儿。"

另一种前短后长，不用领袖，着之便于骑射，相传为元世祖皇后所创。《元史·后妃传一》："（后）又制一衣，前后裳无衽，后长倍于前，亦无领袖，缀以两襻，名曰比甲，

图 15-8　明代比甲展示图（摘自《中国历代服饰》）宋元明理学盛行，明代服饰趋向保守，没有了唐代、宋代的开放，但是比甲在禁锢中显露出俏丽，传递出掩饰不住的风情。

---

① 周汛、高春明：《中国衣冠服饰大辞典》，第226页，上海辞书出版社，1996年。

以便弓马，时皆仿之①。"明人沈德符《万历野获编》卷十四：
"元世祖后察必宏吉刺氏，创制一衣，前有裳无衽，后长倍于前，亦无领袖，缀以两襻，名曰比甲，盖以便弓马也，流传至今。而北方妇女尤尚之，以为日用常服。至织金组绣，加于衫袄之外，其名称亦循旧称，而不知所起。又有所谓只孙者，军士所用，今圣旨中，时有制造只孙件数，亦起于元②。"元代创制的比甲流行不广，从历史文献以及图像资料来看，元代妇女穿着比甲并不多，大概因为元人的比甲用于骑马，后片长于前片，日常行走穿着不够美观。

本章说的比甲是前者，不是指元代的便于骑射的比甲，而是指明代女性的流行之服。不过，两种比甲是有相似度的。

比甲穿着方便，也适合与其他服饰配套，因此，明代女性非常推崇比甲，她们喜欢将原本是燕居服的比甲，当外出服使用，配上瘦长裤或大口裤。比甲制作也趋向华丽，织金组绣，罩在衫子外面。

五、时代的宠物，掩饰不住的风情

背子起源于隋代，在宋代流行，在明代成为女性显贵服饰；比甲产生于宋元时期，在明代尤为流行。

宋代以降，进入蒙古人统治的元代，社会划分为蒙古人、色目人、汉人、南人四种人群，汉人的地位低下，占据社会顶层的是蒙古人，汉人衣冠服制也受到排斥。蒙古人的质孙服、

---

① 〔明〕宋濂等撰：《元史》点校本，第2872页，中华书局，2017年。
② 〔明〕沈德符撰：《万历野获编》，第366页，中华书局，1997年。

图 15-9　明代长比甲
（摘自《中国历代服饰》）
图像出自清宫内府收藏
《燕寝怡情》画册。宋
元时期比甲穿着似乎并
不普遍，文献记载少见。
比甲在明中叶流行起
来，尤其受年轻女性喜
爱。明末清初时所作《燕
寝怡情》画册中的女性
大多着比甲。

钹笠冠（俗称鞑帽）、姑姑冠才是符合元代统治者审美习惯的
服饰。

元代流行过比甲，并不是宋代创制的那种比甲，而是元世
祖皇后创制的无领袖，没衣襟，便于骑马的比甲。元代统治者
原本是游牧民族，马上打江山，马上得天下，推崇骑射，熟悉
骑射，因此对便于骑射的比甲非常欢迎。

朱元璋推翻元代统治，建立大明王朝，汉人取代蒙古人再
次统治。汉人的地位得以恢复，压抑的汉文化、汉服饰浴火
重生，原本深得汉族女性欢迎的服饰背子、比甲，再度兴盛，
又一次流行起来。反映明代市井生活的《金瓶梅》中有很多关
于背子、比甲的描述，折射出时代的风情。

清代女性，不论满汉都穿比甲，在穿法上略有不同。汉族妇女将比甲加在袄裙外面，满族妇女则罩在旗袍上。

明代比甲与清代比甲，在形制上也有区别。明代比甲长，长度过膝，接近脚踝，对襟；清代比甲长度略短，过膝，大襟，形制接近马甲。

服饰的时尚就是这样，在轮回中前进，今天的时尚是昨天的历史，昨天的历史又成为今天的流行。爱美的女性总是关注服饰、妆容，不断丰厚时尚的内容，爱美，装扮美，不仅给自己快乐，也给社会带来美的享受。

第十六章 龙袍穿在身，其实不舒服

——龙与龙纹及龙袍

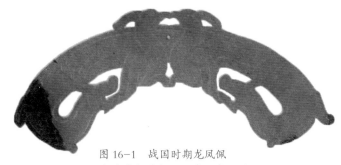

图 16-1　战国时期龙凤佩

战国时期的龙已经有了帝王的
象征寓意，但是龙的纹样还没
有成为帝王的专属品。

　　龙在中国文化中有着非常重要的地位。中华民族是龙的传人，但是龙并非自然界存在的动物，它是人们臆造出来的神兽。龙的原型是多种生物的组合，闻一多先生在《伏羲考》中指出：中国龙的形象，"接受了兽类的四脚，马的毛，鬣的尾，鹿的脚，狗的爪，鱼的鳞和须"。龙是上古时期的图腾，"龙的概念是一种宗教概念，因而龙的起源，形成过程，也反映了中国先民原始宗教信仰的发展、演进过程。还在人类创造具有剥削、压迫和阶级这类现象的社会之前，就已创造了超人类自身及自然受到人类崇拜的神[1]"。

　　古人认为龙是通天神兽，具有特殊的能力与神圣的威严，因此"龙纹具有沟通天地使者的含义，也是使用者特殊身份的标志[2]"。于是，龙有了特指性，专指皇帝或皇室成员。当龙成了皇帝的专有名词之后，龙的神秘光环得到进一步的发挥。于是就有了刘邦是赤帝子，醉后斩白龙（白帝子）的传说故事。

---

[1]　刘志雄、杨静荣：《龙与中国文化》序，第3页，人民出版社，1994年。
[2]　刘志雄、杨静荣：《龙与中国文化》，第90页，人民出版社，1994年。

龙形、龙图、龙纹逐渐成了皇帝、皇权的代名词。当龙纹被缀于服装之上，装饰皇室服饰之后，有龙纹的服饰也就成了皇帝专用的服饰纹样。皇帝是真龙天子，皇帝的宝座叫龙位，皇帝高兴被称为龙颜大悦，皇帝的穿戴则叫龙袍、龙衣……

皇帝穿上龙袍很威严，威风凛凛；穿上龙袍的皇帝显得身材高大，庄重威严，龙袍是皇帝地位、权力的象征，如果不是为了彰显至高无上的权威，皇帝未必喜欢穿龙袍，因为龙袍穿在身上并不舒服。

一、唐代以后的黄色成为皇帝皇室专用色

黄色是皇帝、皇室御用色，其他人不得使用。为什么黄色如此尊贵？这与五行学说有关。五行学说认为天下事物皆由木、火、土、金、水五行参合而成[①]。五行在天上代表木、火、土、金、水五个星辰，星辰的变化影响到人心的仁善观念；在地上代表五时、五神、五味、五事，等等；对人而言就是五常：《荀子·非十二子》曰："五行，五常，仁、义、礼、智、信是也。"并进而以五行统辖时令、方向、神灵、音律、服色、道德。

五行参合，地分东、南、西、北、中五方，色分青、赤、白、黑、黄五色。故而古天文中有四象：东方苍龙之象（东方属木，苍者，青色），南方朱雀之象（南方属火，朱者，红色），西方白虎之象（西方属金，金者，白色），北方玄武之象（北方属水，玄者，黑色）。程允升《幼学琼林》有如此记述："东方之神曰太皞，乘震而司春，甲乙属木，木则旺于春，其色青，故春帝曰青帝。

---

① 黄强：《中国古代崇尚颜色略说》，刊《江苏教育学院学报》1991年第2期。

青龙

白虎

朱雀

玄武

图 16-2　四象图
地分东、南、西、
北、中，色分青、
赤、白、黑、黄。
东方苍龙为青，
南方朱雀为赤，
西方白虎为白，
北方玄武为黑，
中间黄龙为黄。

南方之神曰祝融，居离而司夏，丙丁属火，火则旺于夏，其色赤，故夏帝曰赤帝。西方之神曰蓐收，当兑而司秋，庚辛属金，金则旺于秋，其色白，故秋帝曰白帝。北方之神曰玄冥，乘坎而司冬，壬癸属水，水则旺于冬，其色黑，故冬帝曰黑帝。中央戊己属土，其色黄，故中央帝曰黄帝。"

　　五行体现五色。中央属土，其色黄。《说文解字》曰："黄，地之色也。"段玉裁注曰："玄者，幽远也。则为天之色可知。《易》：'夫玄黄者，天地之杂也。天玄而地黄。'"中央统率四方，因此上古的黄色，代表着中央。作为最高统治者的帝王，自然位居中央，所以中央代表着黄色，黄色就代表着皇帝，华夏民族的始祖，才被尊为黄帝。黄色派生出的寓意，使黄色最终成为一种崇高的颜色，董仲舒云："五色莫贵于黄[①]。"汉

① 黄强：《中国服饰画史》，第 4 页，百花文艺出版社，2007 年。

图 16-3 唐太宗穿龙袍像

此像明人所绘，为明人之想象。龙的威严决定了它凌驾于其他动物。一代帝王在龙袍的衬映下，更显得威武。

代以降，黄色备受统治者青睐，渐渐成为皇帝专用服色。《汉书·律历志》云："黄色，中之色，君之服也。"唐高祖始以赤黄为天子袍衫的专用色，他人一概禁止使用。公元 960 年，宋太祖赵匡胤陈桥兵变，"黄袍加身"之后，黄袍后来就成为皇帝权位的象征，龙袍亦别称黄袍。

二、龙袍图案以"正龙"为最尊

从周代开始历代的皇帝，其服装已开始绣上龙形花纹。周礼帝冕衣制纹饰有"九章"，即山、龙、华虫（雉）、火、宗彝（虎蜼）等五章绘于衣；藻（水草）、粉米、黼（斧形）、黻（两弓相背）等四章绣于裳。后来又增加日、月、星辰三章，共称帝冕（衣）十二章（明纹）。《尚书·皋陶谟》："予欲观古人之象（纹），日、月、星辰、山、龙、华虫作会。宗彝、藻、火、粉米、黼、黻绨（麻）绣，以五采彰施于五色，作服[1]。"上

---

① 王世舜、王翠叶译注：《尚书》，第43页，中华书局，2018年。

图16-4 湖北江陵出土战国绢地龙凤纹九彩绣衾

制作非常精美，图案的线条勾勒细致，尽管不是大红大紫的浓重色调，却显出典雅华丽的情致。

衣六章纹用色彩绘，下裳六章纹用刺绣制作[1]。

《新唐书·车服志》记载：唐武德四年（621）制定车与衣之制度，"十二章：日、月、星辰、山、龙、华虫、宗彝八章在衣；藻、粉米、黼、黻四章在裳。衣画，裳绣，以象天地之色也。自山、龙以下，每章一行为等，每行十二。衣、褾、领，画以升龙，白纱中单，黻领，青褾、襈、裾，黻绣龙、山、火三章，舄加金饰[2]。"

---

① 高汉玉、屠恒贤主编：《衣装》概述，第3—4页，上海古籍出版社，1996年。

② 〔宋〕欧阳修、宋祁撰：《新唐书》点校本，第515页，中华书局，2017年。

图 16-5　明代十二章纹之黻纹宗彝黼纹山纹织锦
十二章纹也有色彩的规定，根据典籍的记载，大致上，日为白色，
月是青色，星辰用黄色，山、龙为纯青色，华虫为黄色，宗彝
为黑色，火为红色，藻、米为白色。这样十二章纹的色彩有白、
红、青、黄、黑五色，施之于衣裳上，就是五采。

十二章纹也具有象征意义，其中的龙，取其应变，象
征人君的应机布教而善于变化。日、月、星辰，取其照临，
如三光之耀。山，取其稳重，象征王者镇重安静四方。帝
王穿上绣有十二章纹的袍服，不仅仅表明他是一国之君，
更体现了贤明之主的德行，以江山社稷为重，明是非辨曲
直，率领人民创造社会价值，稳健发展。为人民谋福祉，
为人民谱和谐，这就是一个贤能、开明、睿智君王的责任。

图 16-6 穿龙袍的明太祖朱元璋

朱元璋重视服饰制度的建设，中国服饰制度到了明代更加制度化、程序化，非常严格。对于明太祖的尊容，民间有很多传闻，其妆容服饰像也有多种版本，鞋拔子脸、凶神恶煞的形象在民间盛传，而庄重慈眉善目的形象则出现于官方笔下，穿龙袍的明太祖容貌端庄，还有一种霸气。

帝王的服饰传递了这样的信息，表达了这样的信念①。

明代以前皇帝的服装还不叫龙袍，而称龙火衣、龙服、华衮、龙章、衮龙服、衮龙袍等。因为绣有山、龙、藻、火等章纹，故曰龙火衣。唐人王建《元日早朝》有曰："圣人龙火衣，寝殿开璇扃。"元人陈孚《呈李野斋学士》也有："欲补十二龙火衣，袖中别有五色线。"对于衮龙服的名称，《元史·舆服志一》记载："衮龙服，制以青罗，饰以生色销金帝星一、日一、月一、升龙四、复身龙四、山三十八、火四十八、华虫四十八、虎蜼四十八②。"

公元 1368 年，朱元璋在南京登基建国，国号大明，年号洪武。明代初年，朱元璋将官员的服饰等级差别系统化，龙袍的形制也开始定型。明代龙袍的特点是盘领、右衽、黄色，龙袍以明黄色为主，实际并不局限于明黄色，尚有红色、石青色等，

① 黄强：《服饰礼仪》，第 147 页，南京大学出版社，2015 年。
② 〔明〕宋濂等撰：《元史》点校本，第 1930 页，中华书局，2017 年。

只是黄色有禁忌，限制了其他人使用，人们习惯以黄色代表龙袍的颜色，而皇帝服饰也不局限于龙袍，还有其他图案、款式的服饰。

龙袍因袍身上绣有龙纹而得名，龙袍上的各种龙章图案，历代有所变化，龙数一般为九条：前后身各三条，左右肩各一条，襟里藏一条，于是正背各显五条，吻合帝位"九五之尊"。清代龙袍还绣有"水脚"（下摆等部位有水浪山石图案），隐喻山河统一①。

根据御用服制的规定和宫廷装饰的不同实用要求，龙纹的姿态有着多种多样的不同表现形式，如正龙、团龙、盘龙、升龙、降龙、立龙、卧龙、行龙、飞龙、侧面龙、七显龙、出海龙、入海龙、戏珠龙、子孙龙等②。

龙纹根据形态不同，名称不同，其组合运用有一定的规格。凡昂首竖尾，状如行走的龙纹，称为行龙；云气绕身，露头藏尾的龙纹，称为云龙；盘成圆形的龙纹，统称团龙。凡头部呈正面的，称正龙；侧面的，称坐龙。凡头部在上方的，称升龙；凡尾巴在上，头部朝下的，称为降龙③。

龙纹之中以"正龙"纹为最尊。皇帝的龙袍胸前正中位置绣一正龙，表示帝王的正统地位。亲王的龙纹一般是团龙。

历史上南京的云锦专供皇室使用，清代江宁织造府就专门负责云锦等丝织品的采购，云锦的编织图案中，就有上述龙纹。云锦龙纹图案的设计，多以云纹、海水衬托，龙翱翔于云海之间，

① 王晓梵：《袍》，载《中国大百科全书·轻工卷》，中国大百科全书出版社，1991年。
② 徐仲杰：《南京云锦史》，第138页，江苏科学技术出版社，1985年。
③ 陈茂同：《历代衣冠服饰制》，第250页，新华出版社，1993年。

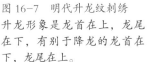

图 16-7　明代升龙纹刺绣
升龙形象是龙首在上，龙尾
在下，有别于降龙的龙首在
下，龙尾在上。

图 16-8　明万历织金妆花缎正龙方补
龙头平视前方，稳定端庄，寓意稳坐
江山；龙爪下抓，表示江山永固；龙
下江河奔流，象征江山万代。

象征帝王"普天之下，莫非王土；四海之内，唯我独尊"的威
严气势[1]，云纹海水的陪衬，则是为了突出其气势的威武磅礴。

三、龙袍的图案与规定

明代服饰制度已经成熟，并且制度化。对于上至皇帝，下
至百姓的服饰都有严格的规定。

《明史·舆服志》记载，皇帝常服，袍用黄色，盘领窄袖，
前后及两肩各织金盘龙一。《春明梦游录》又曰："用元色而
边缘以青，两肩绣日月，前蟠团龙一、后蟠方龙二，边加龙纹
八使一"，但是也只说绣日月而前后用蟠团龙一。"袍用黄缎制，

---

①　徐仲杰：《南京云锦史》，第138页，江苏科学技术出版社，1985年。

图 16-9　明代绛红四合云纹地十团龙袍

影视剧看多了，读者习惯认为龙袍就是明黄色，这是误解。龙袍也有红色、石青色等其他服色。

前后绣团龙十二；肩绣日、月、星辰、山、龙、华虫六章；前身绣宗彝、藻、火、粉米、黼、黻六章[1]。"《明史·舆服志二》记载：明洪武十六年（1383）定衮冕之制，洪武二十六年（1393）更定衮冕十二章。嘉靖七年更定燕弁服，"服如古玄端之制，色玄，边缘以青，两肩绣日月，前盘圆龙一，后盘方龙二，边加龙文八十一，领与两祛共龙文五九。衽同前后齐，共龙文四九[2]"。明代十三陵定陵出土过万历皇帝的一件龙袍（衮服），上衣下裳相连，里外三层，以黄色方目纱为里，面为缂丝。中间以绢、纱、罗织物杂拼缝制衬层。主纹饰十二章，其中团龙十二，前襟后身各三团龙，直行排列，上端一个为正龙，中、下部为升龙，龙首左右向；后身中下部龙的头向与前襟相反；

---

①　周锡保：《中国古代服饰史》，第386页，中国戏剧出版社，1986年。

②　〔清〕张廷玉等撰：《明史》点校本，第1621页，中华书局，2016年。

两袖饰升龙各一，头向相对；左右两侧横摆各二团龙，上面为升龙，下面为降龙，头向中间①。

龙袍在清代，只限于皇帝、皇太子、皇太后、皇后穿用，皇子、贵妃、嫔妃等只穿龙褂，而不能穿龙袍。清代皇帝服饰有礼服、吉服、常服、行服、便服、雨服、戎服七大类，礼服、吉服、常服都绣有龙纹，对于皇帝服饰泛称为龙袍，但是严格上讲龙袍只是吉服中的一种，皇帝的服饰并非都称龙袍（后人混淆了龙袍概念，以为皇帝服饰都是龙袍）。

清代对皇帝龙袍的形制有明确的规定，《清会典图·冠服一》记载："皇帝衮服，色用石青，绣五爪正面金龙四团。两肩前后各一，其章左日右月。前后万寿篆文，间以五色云。帛裿纱裘惟其时②。"

《清会典图》中有专门的皇帝龙袍章节："皇帝龙袍，色用明黄。领袖俱石青，片金缘，绣文。金龙九，列十二章，间以五色云。领前后正龙各一，左右及交襟处行龙各一，袖端正龙各一，下幅八宝立水，裾四开，帛裿纱裘惟其时③。"

清宫皇帝有龙袍，皇子没有龙袍，皇太后、皇后、皇贵妃、嫔妃有龙袍。《清会典图》记载："皇太后、皇后龙袍，色用明黄，领袖俱石青，绣文。金龙九，间以五色云，福寿文采惟宜。下幅八宝立水，领前后正龙各一，左右及交襟处行龙各一。袖如朝袍，裾左右开，帛裿纱裘惟其时。皇贵妃龙袍制同。贵妃、妃龙袍用金黄色。嫔龙袍用香色④。"皇太后、皇后、皇贵

---

① 高汉玉、屠恒贤主编：《衣装》，第204—205页，上海古籍出版社，1996年。
② 中华书局编：《清会典图》，第603页，中华书局，1990年。
③ 同上书，第736页。
④ 同上书，第739页。

图16-10 雍正帝明黄辑线绣云龙天马皮龙袍局部（故宫博物院藏）

明黄色缎料，彩绣云龙，以及日、月、星辰、黼、黻、华虫、宗彝等七章纹样，纹样生动，构图严谨，色彩艳丽。

图16-11 清代立龙纹刺绣

立龙的特点是龙身垂直，昂首侧向，行似站立。

妃、贵妃、妃、嫔的龙袍差别，主要在色彩上。明黄色、金黄色、香色三种的服饰虽都是黄，色彩上则有区别。

后宫妃子的龙袍也不只是一种。《清会典图》又规定了龙袍二、龙袍三的款式与色彩。"皇太后、皇后龙袍，色用明黄。绣纹，五爪金龙八团，两肩前后正龙各一，襟行龙四，下幅八宝立水，余制如龙袍一"。龙袍款式三，"皇太后、皇后龙袍，色用明黄，下幅不施采章，余制如龙袍二①"。对不同身份的皇室成员，龙纹纹样是有差别的，可见当时制度对龙袍的形制及穿戴对象的规定是非常严格的。

四、龙袍威严，穿着却并不舒服

在一些影视剧里，我们可以看到，明代皇帝不论在什么场合都穿着明黄色龙袍，这并不符合史实。电视剧混淆了龙袍的名称与穿着习惯。

我们通常称皇帝服饰为龙袍，这是一个泛称，皇帝是真龙天子，他的一切都与龙有关，这样称谓皇帝服饰似乎也对。但是严格来说，皇帝服饰并不只是龙袍，尚有冕冠、冕服，以及日常生活装，龙袍只是其中一个品种。清代龙袍是皇帝礼服、吉服、常服、行服、便服、戎服、雨服七大系列服饰中吉服的一种，用于重大吉庆节日，筵宴以及祭祀主体活动前后的序幕与尾声阶段②。

龙袍的穿戴是有场合限制的，一般在较重要的场合下才穿，

---

① 中华书局编：《清会典图》，第740页，中华书局，1990年。
② 严勇、房宏俊、殷安妮编：《清宫服饰图典》，第68页，紫禁城出版社，2010年。

上朝穿朝服，祭天穿礼服，喜庆活动则穿吉服（龙袍）等。皇帝并非时时刻刻都要穿龙袍。一是礼制要求不允许，二是龙袍属于大制作，耗时耗工耗银子，一件龙袍价值不菲，十万、十几万两银子也是有的。

明清时期皇帝的龙袍面料采用了南京云锦。南京云锦因灿若天上云霞而得名，制作耗时，一个成熟的织造熟练工，一天

图 16-12 织金孔雀羽妆花纱龙袍料
龙袍面料与今天我们理解的服饰料有所不同。过去制造龙袍，其款式、图案都是固定的，一件龙袍形成一块整匹料，然后裁剪，按照图案缝合，其图案、纹路无缝对接。

图 16-13 明宣宗坐像
（台北故宫博物院藏）
绢本，设色。明宣宗朱瞻基穿龙袍，手扶玉带，坐于龙椅之上。袍的胸前绣一条团龙，在肩部等部位还有八条龙。

图16-14 顺治朝明黄色云龙妆花纱男夹龙袍（故宫博物院藏）
圆领，大襟右衽，马蹄袖，裾四开。前胸后背与两肩绣正龙各一，下摆前后行龙各二，里襟正龙一，袖端行龙各一，领边行龙五。下摆饰海水江崖，间以五色流云。

图16-15 乾隆朝杏黄色纱缀绣八团云金龙女夹龙袍（故宫博物院藏）
清宫贵妃、妃的吉服之一，用于重大吉庆场合。圆领、大襟右衽，马蹄袖，裾左右开。月白色团龙暗花纱里，杏黄色缠枝花卉纱地，绣有八团彩云金龙及海水江崖纹。

图 16-16 琉球国王妆
花缎龙袍

南京云锦研究所复制。
复制的是清朝赐予属
国琉球国王所穿龙袍，
图案为象征皇室的五爪
龙，颜色则是绛黄色。

图 16-17 洪秀全龙
袍（南京太平天国博
物馆藏）

南京云锦研究所复
制。洪秀全龙袍，身
长 148 厘米，两袖通
常长 186 厘米。袍身
绣有九团五爪金龙，
图案尚有三十六只红
白相间的蝙蝠、八朵
牡丹以及祥云、珊瑚、
宝珠、犀牛角等。成
衣后缀五粒铜鎏金扣。

图 16-18　明代过肩龙纹刺绣袍料（摘自《龙蟒鸾凤》）
古代制作帝后、贵戚服饰，其衣料是将图案、纹样融合在整匹织造出来，然后再缝合。所谓过肩就是将龙、凤、蟒、飞鱼等纹样的头部安排在服装正胸或背后，身体绕过两肩，尾巴处于相背部位。

不过织出几寸，因此有寸金寸锦之说。织造中还使用特殊的线材，真金丝、真银丝、孔雀丝，衬入真金白银的云锦料，厚重，金光灿烂，这样的织造丰厚了面料，也变得奢华。以整块龙袍匹料制成的龙袍，分量不轻，穿戴颇费时间，穿在身上也很不舒服。

皇帝为了威严的需要穿龙袍，但是这样厚实、凝重、华丽的龙袍，皇帝并不愿意穿，除了礼仪活动、庆典必须穿，日常生活中皇帝们会远离龙袍，穿上他们的便服，轻松愉快。

第十七章　蟒纹类龙纹，蟒袍非龙袍

——赐服的显贵

2016年电视剧《女医·明妃传》播出时，观众吐槽很多，政协委员在全国两会期间，指责电视剧胡编历史，名为历史剧，实则是戏说历史，误导中国人学历史，其危害很大。

一、臣子直呼皇帝姓名要不得

中国文化有其灿烂的文明，社会制度中的等级、礼仪文明，有其完善的体系。人与人交往，都必须遵循一定的法则，包括称谓，比如对于长者、尊者，不能直呼其名。有见到自己的父亲、爷爷，直呼×××的吗？小名（乳名）也就由长辈称呼，而且还要看身份，等到做了大官，长辈也不能直呼小名甚至姓名了。

家有家规，国有国法，君臣之间，那更是要遵循君君臣臣的规矩。对于封建社会至高无上的皇帝，那就要顶礼膜拜。皇帝与臣子之间，根本不可能随便，皇帝的老师哪怕八十岁高龄，见到皇帝仍然要下跪称臣，当然皇帝为表示尊敬，可以免其下跪。《女医·明妃传》中，太医刘平安为明英宗朱祁镇搭脉，明英宗对刘太医直呼"老刘"，听起来如此现代，就像两位同事老朱与老刘拉家常一样，这可能吗？皇帝对于大臣那是君臣关系，尊卑有别，哪里可能称兄道弟？称爱卿、许平身已经是天大的面子了，在皇帝面前下跪伺候的多着呢。

郕王朱祁钰被拥立登上大宝，成为皇帝，即便女医杭允贤被册封为贵妃，直呼皇帝为"朱祁钰"，那也是犯忌的。皇帝的名字岂是可以随意喊的？古代有避讳之说，皇帝的名字不能写，不能说，比如关于唐太宗李世民，凡有"世"或"民"的地方都要避讳。唐代古文中说到"民风"，往往以"人风"来代替，就是避皇帝名字之讳。不仅避讳皇帝名字，连父亲的名字也要避讳。唐代韩愈写过一篇文章《讳辩》，说诗人李贺父亲名晋肃，因"晋"与"进"同音，当时有人认为按照避讳说，李贺不能参加进士考试。

古代社会等级森严，尊卑有别。皇帝名字要避讳，同样服饰的等差也是十分严格的。官与民的服饰有差别，官与官品级不同，其服色、图案、佩饰也有差别。按照隋唐时期确定的品官服色制度，官员级别高低体现在官服的服色上，依次为紫色、绯色、绿色、青色，官员依照品色制度穿着不同服色的官服，黄色更是帝王专属。赵匡胤陈桥兵变，黄袍加身，就象征着篡夺皇权。服饰与器物上的龙纹图案，也属于皇家专有，他人使用则是僭越，觊觎皇权，惹来杀身之祸。明初功臣长兴侯耿炳文因衣服器皿有龙凤服饰，朱棣继位第二年被弹劾，耿炳文惧怕，自杀。

服饰中黄色、龙纹均不能擅用，但是皇帝的赏赐则不受制度限制。为了使服饰等差有所区别，在制作上就有微细的差异，如龙纹五爪，蟒纹四爪。

二、蟒纹类龙纹，蟒袍非龙袍

在封建社会，服饰标等级，皇帝穿龙袍，官员穿官服，百姓则只能粗衫白衣。因此在中国往往用服色来标明社会等级的差别，"满朝朱紫贵，尽是读书人"，"遍身罗绮者，不是养蚕人"，还有白衣公卿、黔首、皂隶等说法，就是以服色来代表不同社会阶层的人群。

古代服饰有严格的界限，什么人在什么场合下穿什么服饰，极为讲究，不可僭越。至明代这种服饰等级制度更趋严明，僭越要治罪的，轻则罚俸、失官降职，重则掉脑袋。蟒服，明清时期文武官员的一种礼服，因绣有蟒纹而得名。明代称蟒衣，清代称蟒袍，笔者在拙著《中国服饰画史》中提出蟒服的概念，即将蟒衣、蟒袍合并为蟒服。

蟒服是一种仅次于龙袍的显贵之服，原因在于蟒纹近似龙纹。

对蟒衣的禁忌更是如此，《明史·舆服志三》记载：天顺二年（1458），定官民衣服不得服用蟒、龙、飞鱼、斗牛、大鹏、像生狮子等。"弘治十三年（1500）奏定，公、侯、伯、文武大臣及镇守、守备，违例奏请蟒衣、飞鱼衣服者，科道纠劾，治以重罪①。"《万历野获编》记载："正统十二年（1447）上御天门，命工部官曰：官民服式，俱有定制。今有织绣蟒、飞鱼、斗牛违禁花样者，工匠处斩，家口发边卫充军；服用之人，重罪不宥②。"

西汉以降，龙的祥瑞含义渐渐为后人利用，龙成了皇帝的象征，至明代龙纹成为皇帝的专用图案，因施之于官服的蟒形态类似龙，顺理成章地就成为次于龙纹的显贵图案。明人沈德符就指出："蟒衣为象龙之服，与至尊所御袍相肖③。"明代的蟒衣，最早是供皇帝近臣服用的，《明史·舆服志三》记载："永乐以后，宦官在帝左右，必蟒服，制如曳撒，绣蟒于左右，系以鸾带，此燕居之服。次则飞鱼，惟入侍用之。贵而用事者，赐蟒，文武一品官所不易得也④。"蟒衣是显贵之物，非特赐不

---

① 〔清〕张廷玉等撰：《明史》点校本，第 1638 页，中华书局，2016 年。
② 〔明〕沈德符撰：《万历野获编》，第 21 页，中华书局，1997 年。
③ 同上书，第 830 页。
④ 〔清〕张廷玉等撰：《明史》点校本，第 1647 页，中华书局，2016 年。

图 17-1　明代穿蟒袍官员王鏊写
真像

王鏊系明代名臣、文学家，世称
震泽先生。成化十一年（1475）
进士，明武宗时入内阁，拜户部
尚书，文渊阁大学士，后又加少
傅兼太子太傅、武英殿大学士。
王鏊写真像中戴展角幞头，穿织
金蟒袍，系白玉腰带。

图 17-2　明代穿织金蟒袍官员
李贞像

李贞系明太祖的姐夫，开国功臣
李文忠之父。朱元璋称帝后，被
封为恩亲侯、驸马都中尉，后又
加封特进、荣禄大夫、驸马都尉、
右柱国、曹国公。据说朱元璋特
许他穿五爪金龙的龙袍。图像中
李贞戴乌纱帽，穿织金蟒袍。

可服，高官也轻易不可得。英宗正统年间，曾以蟒衣"赏虏酋（海
外人士）"。

内阁赐蟒衣，始于弘治年间，明人余继登《典故纪闻》记
载："内阁旧无赐蟒者，弘治十六年，特赐大学士刘健、李东阳、
谢迁大红蟒衣各一袭。赐蟒自此始[1]。"大帅赐蟒，始以兵部尚

---

[1]　〔明〕余继登撰：《典故纪闻》，第 292 页，中华书局，1997 年。

书王骥（王骥后为吏部尚书，大约在宣德、正统朝之后）。后来，戚继光以平倭功绩而得赐蟒衣①。笔者对热播电视剧《女医·明妃传》服饰指错文章中，列举的错误就包括亲王不能穿龙袍，只能穿蟒服②。龙与蟒很相似，极容易混淆。龙与蟒的区别在于五爪是龙，四爪是蟒。而明英宗、景泰皇帝时，尚未出现皇帝赐朝廷重臣蟒服的事例。

赐服（蟒服）盛行于明中叶明武宗正德年间，当时传统的礼制与服饰"别等级、明贵贱"的制度受到冲击。明武宗虽贵为天子，却不拘礼节，视"君君臣臣"伦常如儿戏，演出了一幕幕荒唐的闹剧。他热衷于赐服，《明史·食货志六》记载："正德元年，尚衣监言：'内库所贮诸色纻丝、纱罗、织金、闪色、蟒龙、斗牛、飞鱼、麒麟、狮子通袖、膝襕，并胸背斗牛、飞仙、天鹿，俱天顺间所织，钦赏已尽。乞令应天、苏、杭诸府依式织造③。'"

1517年武宗率兵迎击鞑靼王子犯边，得胜回朝，取出绸缎遍赏百官。"由于过于仓卒，文武官员胸前的标志弄得混乱不堪。原来颁赏给有功的大臣的飞鱼、蟒服等特种朝服，这时也随便分发，官员们所戴的帽子，式样古怪，出于皇帝的亲自设计④。"正德十三年（1518），武宗车驾还京，传旨俾迎候者，用曳撒大帽鸾带，寻赐群臣大红纻丝罗纱，各一其服色，一品斗牛、二品飞鱼、三品蟒、四品麒麟，不限品级。

① 周锡保：《中国古代服饰史》，第388页，中国戏剧出版社，1986年。
② 黄强：《解析影视剧〈女医明妃传〉的服饰错误》，载《江苏文艺研究与评论》2017年第3期，第117—122页，南京大学出版社，2017年。
③ 〔清〕张廷玉等撰：《明史》点校本，第1997页，中华书局，2016年。
④ 黄仁宇：《万历十五年》，第97页，中华书局，1995年。

笔者在相关文章中，都曾说及明武宗赐服，以及明中叶服饰品级的紊乱，可以参阅[①]。

三、影视剧大多用错蟒纹

蟒服是明清时期显贵之服，非皇帝特赐不能穿。但是因为蟒纹类似龙纹，很多人都将两者混淆。影视剧中更是常常将服饰中的蟒纹误当成龙纹。观众也不太可能近处细观，远远看去，是龙纹还是蟒纹也搞不清楚，反正就那么回事，管它是龙纹还是蟒纹。

龙纹与蟒纹不能混淆，在于古代龙纹与蟒纹代表的身份大不一样。

蟒纹与龙纹的区别在爪和角。蟒本是无足无角，龙则角足皆具。《滦阳消夏录》曰："曾有二蟒，皆首轰一角，鳞甲作金黄色。"此外，"弘治元年（1488），都御史边镛上书皇帝，称：夫蟒无角无足，今内官多乞蟒衣，殊类龙形，非制也。"此外，通常以五爪为龙，四爪为蟒。

明代蟒纹，按形态分有坐蟒、行蟒；按数量分有单蟒、双蟒。按形态不同而有等级差别。"单蟒面皆斜向，坐蟒则而正向。"赐服人臣皆以坐蟒为最重。《万历野获编》说："今揆地诸公多赐蟒衣，而最贵蒙恩者，多得坐蟒，则正面全身。

① 黄强：《从服饰看金瓶梅反映的时代背景》，刊《江苏教育学院学报》1993 年第 2 期；黄强：《论金瓶梅对明武宗的影射》，刊《江苏教育学院学报》1995 年第 3 期；黄强：《服饰与金瓶梅的时代背景》，刊《徐州教育学院学报》1998 年第 1 期。黄强：《花灯与金瓶梅》，刊《保定师专学报》2001 年第 1 期。黄强：《王东洲墓志铭反映的明正德朝历史史实》，刊《保定师专学报》2006 年第 3 期。《西门庆的帝王相》，载《金瓶梅研究》第 7 辑，第 165—174 页，知识出版社，2002 年 9 月。

居然上所御衮龙，往时惟司礼首珰常得之，今华亭、江陵诸公而后，不胜纪矣[1]。"嘉靖赐徐阶教子升天蟒；万历六年（1578）神宗大婚钦定问名纳采使两人，正使是英国公张溶，副使张居正，"慈圣皇太后赐居正坐蟒，胸背蟒衣各一袭"。武清侯李伟以太后父，亦受赐。附图戚继光像服饰图案为四爪行蟒，较坐蟒为次。

明代的蟒衣形制较多，《天水冰山录》记有抄严嵩家时，查抄了大量蟒衣与飞鱼、斗牛衣料，有"大红遍地金过肩云缎六匹、大红妆花飞鱼云缎四匹、大红织金飞鱼补缎一十三匹、大红妆花过肩斗牛缎五匹、大红妆花斗牛云缎五十匹、大红织金斗牛补缎四十一匹"，此外尚有大红青织金过肩蟒绒、青妆花蟒龙绒圆领、青织金蟒绒衣、绿织金过肩蟒绒衣等[2]。明代社会的百科全书《金瓶梅》中也有金织边五彩蟒衣、大红绒彩蟒、大红纱蟒衣、大红五彩罗缎纻丝

图 17-3 穿蟒袍的戚继光像（摘自《中国古代服饰史》）

戚继光以平倭寇战功获此蟒服。此蟒袍绣四爪行蟒，较之坐蟒略次。戚继光因为得到万历首辅张居正的赏识而被重用，他也没有辜负张居正的厚望，与俞大猷把东南沿海的防卫治理得很好，消除了倭寇的侵扰。可惜张居正死后，戚继光被排挤而赋闲。

① 〔明〕沈德符撰：《万历野获编》，第20—21页，中华书局，1997年。
② 〔明〕陆深等著：《明太祖平湖录（外七种）》，第167—176页，北京古籍出版社，2002年。

图 17-4　明代织锦蟒袍（摘自《龙蟒鸾凤》）
龙纹与蟒纹相似，蟒衣（袍）为像龙之服，差别在于龙纹五爪，蟒纹四爪。擅用龙纹，可获杀身之祸。蟒服系显贵服饰，需要得到皇帝赏赐方可服用。

蟒衣等。明代衣上所饰蟒纹多为蟒头在衣上之胸部，蟒身自左肩环绕至右肩，尾部在右肩稍下处，与蟒首相呼应，这种蟒纹又称过肩蟒。蟒衣的底色有红、青色，传世明人所绘戚继光像、王鏊像，人物均着红蟒，李贞像人物着青蟒。

在制作上则有绣蟒与织蟒之分，绣蟒是指衣上的蟒纹是绣上去的，织蟒是将蟒纹织入衣料之中，例如黑绿蟒补绒蟒缎。

一般蟒衣只有一条蟒（不计下摆作为装饰的小蟒）；而双挂是指蟒纹的形状。明人吕毖《明宫史》云："蟒衣贴里之内，亦有喜相逢各色，比寻常样式不同：前织一黄色蟒，在大襟向左后有一蓝色蟒，由左背而向前，两蟒恰如偶遇相望戏珠之意。

此万历年间新式……凡婚礼时，惟宫中贵近者穿此衣。"

明代蟒衣中金织边五彩，蟒身作浅黄色加黄色鳞片，蟒之鬃、须为绿色，角为白色，云及水纹作蓝、绿、黄色，再加上不同的底色，因其色彩多，故称五彩蟒。五彩蟒纹衣料的边部和底部及花纹的轮廓线条使用片金（亦称"拈金"）线织出，使蟒纹金光闪闪，更显富丽堂皇。现存孔府的服饰中，就有两件明代万历赐衍圣公的蟒衣，大红色云罗织金妆花蟒澜袍，衣式是圆领，藏蓝色地纺织金妆花蟒澜袍衣式是交领。右衽、大袖、袍身腋下至弧形大下摆的中间偏上有宽条蟒澜。前者身长125 厘米，腰宽 57 厘米，两袖通长 239 厘米，袖口宽 67 厘米，下摆宽 140.3 厘米；后者长 125 厘米，腰宽 57 厘米，两袖长、宽和下摆尺寸同上。纹样方面，袍身和两袖遍布大红色如意云纹暗花罗，以及宝珠、方胜、犀角、金钱、镜花、书、蕉扇等"八宝"纹样。袍身胸部前后有过肩织金妆花蟒纹，形成柿带状。胸前的蟒纹为绿色，胸背的蟒纹为蓝色。两袖部各有一条升蟒，左袖为黄蟒，右袖为红蟒[1]。

衍圣公另有一件墨绿云纹地平金五彩蟒袍，衣式是方头立领，右衽交襟，广袖无胡，宽腰直裾，并有两根飘带在右腋下系结，袍身长 118 厘米，腰宽 65 厘米，两袖通长为 232 厘米，袖口宽为 87 厘米，肩上腋下的袖宽 23.7 厘米，下摆宽 84 厘米，两根飘带长为 63 厘米，带宽 6.3 厘米。袍上共绣有八条蟒纹，其中胸背部有两条四爪团坐巨蟒，两条过肩蟒，袖口部左右前后共有四条升蟒，小圆领口前面有两条行蟒[2]。

---

① 高汉玉、屠恒贤主编：《衣服》，第 215—216 页，上海古籍出版社，1996 年。

② 同上书，第 218 页，上海古籍出版社，1996 年。

四、赐服尚有飞鱼、斗牛纹

蟒袍是显贵之服，非特赐不能穿；除蟒服之外，显贵之服还有飞鱼服、斗牛服等。皇帝赐服在于恩荣，对于阁臣的褒奖。文臣武将以得到皇帝的赏赐为荣，赏赐的东西很多，可以赐姓赐名，赐物赐匾，例如明末郑成功本名郑森，被南明皇帝赐姓赐名——朱成功，"朱"是国姓，郑成功也被称为国姓爷。

赐服是皇帝赏赐的一个重要内容，在明中叶明武宗时颇为盛行。赏赐之服除了蟒服之外，显贵之服，尚有飞鱼、斗牛纹，总体上也把飞鱼、斗牛纹归为蟒衣纹一类。

飞鱼类蟒。《明史·舆服志三》记载：张瓒为兵部尚书服蟒，"帝怒，谕阁臣夏言曰：'尚书二品，何以服蟒？'（夏）言对曰：'（张）瓒所服乃钦赐飞鱼服，鲜明类蟒耳[①]。'"可见，飞鱼形制类蟒。飞鱼是一种头如龙、鱼耳、一角的动物，据《山海经·海外西经》："龙鱼陵居在北，状如鲤。"因为能飞，故亦名飞鱼。按说飞鱼纹应作一角，而不能做二角。但是明代服饰上的飞鱼实际似蟒，有两角，不过加上了鱼鳍鱼尾而已，因此亦称"飞鱼蟒"。

图 17-6 为飞鱼纹，形状亦制二角而比龙较短，身有鳍，无吐珠及火焰。

飞鱼服是仅次于蟒衣的一种显贵服饰，至正德间如武弁自参游以下，都得飞鱼服。嘉靖、隆庆间，这种服饰也颁及六部出镇视师大帅等。

斗牛服是次于飞鱼之服的服饰，也属赐服的一种。斗牛纹，

---

① 〔清〕张廷玉等撰：《明史》点校本，第 1640 页，中华书局，2016 年。

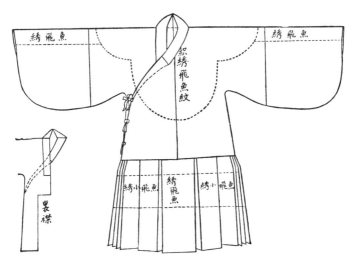

图 17-5　飞鱼服示意图（摘自《中国古代服饰史》）

形制上是上衣下裳连体式，前裾五褶，后裾两褶。整件服饰都绣有飞鱼纹，上衣绣大飞鱼纹，下裳绣小飞鱼纹。

图 17-6　飞鱼纹（摘自《中国古代服饰史》）

飞鱼服是仅次于蟒服的一种荣重服饰，从分类上也属于蟒服一类。小飞鱼纹绣于飞鱼服的下裳部位。

图 17-7　明代斗牛
纹窄袖对襟褂

斗牛的纹样头虽不
为蟒形，遍体也是
鳞片，尾巴与麒麟
的尾相似。

与一般蟒纹相似，唯两角作向下弯曲如牛角状。《名义考》云"斗牛如龙两觪角"，觪角即角作曲貌，此形与龙、蟒的角不同。《宸垣识略》称："西内海子中有斗牛，即虬螭之类，遇阴雨作云雾……视之，湖冰破裂，一到已纵去。"《埤雅》云："虚危（星名）以前像蛇，蛇体如龙。"可见，斗牛是一种类龙的想象动物，并非真牛形。在故宫太和殿上的背兽中有斗牛一兽，头虽不为蟒形，而遍体亦为鳞片，尾则与麒麟的尾相似。

山东曲阜藏有孔子后裔、第六十二代衍圣公孔闻韶着斗牛服画像和青云罗地彩绣斗牛服，斗牛方补实物纵向 40 厘米，横向 38 厘米，用彩丝绣制的纹样，正中有一侧身盘坐的斗牛纹样，与四爪蟒纹相似，不同的是头部双角向下弯曲，无牛角状[1]。

身着皇帝所赐服饰，以示恩荣，会在社会上得到尊敬。皇帝金口玉言，说出来的话就是圣旨，穿着皇帝赏赐的服饰自然

① 　高汉玉、屠恒贤主编：《衣服》，第 222 页，上海古籍出版社，1996 年。

图 17-8　明代第六十二代衍圣公孔闻韶像

衍圣公为孔子嫡系子孙的世袭封号，始于 1055 年，此后历朝历代都对孔子后裔封"衍圣公"。衍圣公对应的官职，宋朝相当于八品，元代提升为三品，明初是一品文官，后又"班列文官之首"，清代还特许他们在紫禁城骑马，在御道上行走。从明代开始衍圣公的地位相当于侯爵，因此可以穿蟒袍。孔闻韶，字知德，明弘治十六年（1503）袭衍圣公。山东曲阜孔府至今藏有多件明代的蟒衣——大红色云罗织金妆花蟒襕袍、藏蓝色地织纹妆花蟒袍、墨绿云罗平金五彩绣蟒袍。

图 17-9　明代十一世临淮侯李邦镇身着斗牛服的画像

头戴乌纱帽，腰围玉带，带垂牙牌、牌穗，胸前补子为斗牛纹。

图 17-10　明斗牛补子
斗牛纹仍然与蟒纹、
飞鱼纹属于一类，也
是显贵服饰，非特赐
不可服。嘉靖年间就
规定文武官员不许擅
用蟒衣、飞鱼、斗牛服。

也非常了不得。其实皇帝赐服，并不一定是拿一件现成的服装赏给某某官员，而是赐予允许使用的待遇。

飞鱼、斗牛、蟒服都是显贵之服，得到皇帝赐服，表明得到皇帝的宠信，那就是皇帝信任的人或身边的红人，谁还敢得罪？巴结还来不及。因此，这皇帝赐服还可能助长不正之风。

五、麒麟服并非常规服饰

赐服中还有麒麟服。麒麟服与前面的蟒袍、飞鱼、斗牛服又有所不同。因为麒麟服是赐服，又是锦衣卫的常规服饰。这里先要就这两个问题做个解释。飞鱼服是赐服，多赐予皇帝近臣，锦衣卫是直属明朝皇帝的特务组织，与东厂、西厂一样，都是专为皇帝服务的，属于皇帝的近臣。掌管东厂、西厂的是太监，更是宫中的机构。有人认为飞鱼服、麒麟服都不是赐服，在于受影视剧的误导。

赐服中也可算上麒麟服，也可不算。因为《明史·舆服志三》

图 17-11　麒麟服

明代魏国公徐俌墓出土。徐俌系明代开国功臣徐达的五世孙，世袭爵位，曾任南京左军都督府事、中军都督府事，守备南京。正德十二年卒，赠太傅。他的墓地出土了麒麟服。麒麟服系明代公、侯、驸马、伯的补服使用的纹样，与徐俌身份相符。

规定："（洪武）二十四年定，公、侯、驸马、伯服，绣麒麟、白泽[1]。"也就是说麒麟服是补服制度中的一项，又不属于官员九品制度中的补服。公、侯、驸马、伯等有爵位者，其职位高于其他文臣武将，能够封公、侯、伯爵位的以及驸马都不是一般人，要么是皇亲国戚，要么是开国功臣之后或立有大功之人，非一般官宦可比。

　　所谓也可以算赐服，因为按照官阶制度，低品秩的官员是不可以穿高品秩官员的服饰服色，比如八九品官员着绿色袍，就不能穿石青色袍服；六品官员本来该着石青色袍服，就不能穿三四品的绯色袍服。没有公、侯、伯爵位的官员当然也不能

① 〔清〕张廷玉等撰：《明史》点校本，第 1638 页，中华书局，2016 年。

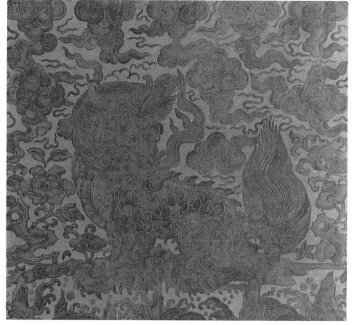

图 17-12　明代麒麟补子麒麟纹实物（南京市博物馆藏）
麒麟纹高于官员补服的禽兽补子，明代官员文官一品补子为仙鹤，武
官一品为狮子，但是麒麟补子在仙鹤、狮子纹之上，系公、侯、驸马、
伯补服的补子纹样。

穿麒麟服，否则属于僭越。但是皇帝赐服就不受这些制度限制，
只要是皇帝赏赐的，低品秩的官员照样可以穿麒麟服。《明史·舆
服志三》又说："历朝赐服，文臣有未至一品而赐玉带者，自
洪武中学士罗复仁始。衍圣公官秩正二品，服织金麒麟服、玉带，
则景泰中入朝拜赐。自是以为常[①]。"

麒麟服，明初多用于达官、侍卫，正德年后，渐渐用于庶
官。明人刘若愚《酌中志》记载："凡司礼监掌印、秉笔，及

---

① 〔清〕张廷玉等撰：《明史》点校本，第 1640 页，中华书局，2016 年。

乾清宫管事之耆旧有劳者，皆得赐坐蟒补，次则斗牛补，又次俱麒麟补①。"这说明，从赐服的等级来说，依次是蟒服、斗牛服、麒麟服。葬于明正德年间的广东广州戴缙、江苏南京徐俌，两人墓分别在1956年、1977年进行了考古发掘，皆出土过麒麟服实物②。

明代补服制度，到了中后期，唯文官尚能遵守，有不遵循其制度的，锦衣卫至指挥、金事而上亦有服用麒麟补子者，按景泰四年（1453）令：锦衣卫指挥侍卫者，得衣麒麟服色，嘉靖间仍之。

再一种情况，是明中叶社会制度紊乱，服饰制度也受到冲击，社会不遵循品官服色制度，随意穿戴，违规仵制。反映明中叶市井生活的《金瓶梅》就记录了服饰逾制的事例。不仅商人西门庆穿上了麒麟服，周守备、蓝千户也都堂而皇之穿上麒麟服，招摇过市。西门庆一介商人，守备、千户都属于低品级的官员，怎么能穿上原来公、侯、伯才有资格穿的麒麟服？僭用麒麟补子不治罪，且社会引为时尚，由此推断这是一个社会制度松弛的时代。这也是《金瓶梅》作者的一种春秋笔法③。俄罗斯汉学家李福清院士认为："画有麒麟补子是高等爵位的贵族，或者驸马，还有与他们相配的妻子，才配穿用。可见，孟玉楼与那些有爵位的人物没有任何关系，这显然是作者的特殊手法④。"

---

① 〔明〕刘若愚：《酌中志》，第166页，北京古籍出版社，2001年。
② 周汛、高春明：《中国衣冠服饰大辞典》，第156页，上海辞书出版社，1996年。
③ 黄强：《从服饰看金瓶梅反映的时代背景》，刊《江苏教育学院学报》1993年第2期，转刊于《复印报刊资料·中国古代近代文学研究》1993年第11期。
④ 〔俄〕李福清：《兰陵笑笑生和他的长篇小说〈金瓶梅〉》，载陈周昌选编《汉文古小说论集》，第115—149页，江苏古籍出版社，1992年。

服饰是社会政治、经济、文化的反映，马克思曾说："只要知道某一民族使用什么金属——金、铜、银或铁——制造自己的武器、用具或装饰品，就可以臆断地确定它的文化水平[①]。"由此引申认为，考察古代服饰，可以衡量出所处时代的"文化水平"与审美倾向。通过麒麟服的赏赐与穿戴，可以知道这属于什么时代：是明代早期，还是明代中叶。

---

① 马克思、恩格斯：《马克思恩格斯论艺术》第一卷，第37页，中国社会科学出版社，1982年。

第十八章　锦绣补子乌纱帽

——明代的官服

朱元璋建立大明王朝，对于衣冠服饰制度非常重视。他推崇儒家学说，强调君臣纲常的伦理道德，在他授意宋濂执笔的讨伐元朝的檄文中就有："元之臣子，不遵祖训，废坏纲常，有如大德废长立幼，泰定以臣弑君，天历以弟鸩兄，至于弟收兄妻，子烝父妻，上下相习，恬不为怪，其于父子君臣夫妇长幼之伦，渎乱甚矣。夫人君者斯民之宗主，朝廷者天下之根本，礼义者御世之大防，其所为如彼此，岂可为训于天下后世哉[①]"的句子，传递出儒家"君君臣臣，父父子子"的纲常思想。

一、补服的出现

经过血与火的洗礼，朱元璋明白权力与威严并存的道理，礼仪是皇权、皇帝必不可少的障眼法、拔高法。没有了礼仪，皇权的威严无法显示，没有了社会等级秩序，国家就缺乏了统摄的权术。大明王朝的建立，使得儒家思想、等级秩序、舆服制度都成为一个同一体，重新构建，重新运行。因此他下诏衣冠悉如唐制，变革"胡风""胡俗"，强调贵贱有序和良贱有别的等级观念，申明定章，崇尚敦朴的风尚，严禁奢侈和违礼逾制[②]。鉴于礼服过于烦琐，洪武三年（1370），规定除祭天地、宗庙时服用衮冕，其余场合都不用。一般小祀、露布、亲征、省牲、郊庙等用通天冠。

"别等级、明贵贱"是中国服饰形成制度以来最大的特点。在影视剧中，我们经常看到官员们参加祭祀活动，官员参加祭

---

① 吴晗：《朱元璋传》，第99页，北方文艺出版社，2009年。
② 王熹：《明代服饰研究》绪论，第1页，中国书店，2013年。

祀活动，上朝觐见皇帝，与同僚官员互相拜访，拜见上司，个个穿戴整齐，衣冠楚楚，或红色大袍，或绿色长袍，不要以为这是官员们凭着自己的兴趣和审美习惯随意穿戴的。古代的官服有严格的制度，穿绯戴紫，披红挂绿，遵循着制度的规定，僭越就是违礼逾制。

封建官制到了明代程序化、等级化更为严格，官服趋向完备，形成了中国官制、官服制度中最具代表性的补服。

古代官员、官服距离我们的时代颇为久远，现实生活中我们已经接触不到，读者了解官服多半是通过影视剧。或许读者对古代官员的补服还有些印象，文武官员身穿胸前绣着圆形或方形纹样的官服，那纹样中有的是狮子、虎豹，有的是仙鹤、锦鸡。这个补服只是明清时期官员的制服，并不是中国封建社会各个时期官员的制服。历朝历代的官服有区别，但是说补服是中国古代社会最具代表性的官服，未尝不可。补服之所以文官绣禽、武官绣兽，也是有讲究的。

唐代武则天执政时期，对于官员的服装有过一些规定，通常在常服上绣一些山水、动物的纹样[1]。武则天天授元年（690），赐绣有山形的图案袍服给都督刺史，山的周围绣有十六字铭文："德政惟明，职令思平。清慎忠勤，荣进躬亲。"以此告诫都督刺史清正廉明。此后成为惯例，凡是新任命的都督刺史都赐此袍。两年后，武则天又赐文武百官三品以上者此种袍服。除了山形图案之外，又绣上了动物图案，依照品级的不同，动物图案有所不同：诸王是盘龙和鹿，宰相是凤池，尚书是对雁，左右监门卫将军是对狮子，左右将军卫是对麒麟，

---

① 黄强：《服饰礼仪》，第 32 页，南京大学出版社，2015 年。

左右武威卫是对虎，左右豹韬卫是对豹，等等[1]。这种制度一直沿袭到五代。

到了明代，官员的袍子上绣图案，文官绣飞禽，武官绣走兽，即"文禽武兽"。禽兽是官服补子的图案，不同的禽兽图案（补子）代表不同级别的官员，用禽兽表示官员本来是一种通俗的褒奖说法。明代中晚期某些当官的贪赃枉法、欺压百姓、为非作歹，百姓深恶痛绝。他们穿着绣有禽兽的官服，自然就是"衣冠禽兽"了。明代陈汝元《金莲记·构衅》："人人骂我做衣冠禽兽，个个识我是文物穿窬。""衣冠禽兽"演变成贬义，用来指道德败坏的人，说他们徒有人的外表，行为却如同禽兽。衣冠禽兽是社会对于不作为及欺压百姓的官员的讥讽。

二、明代补服的等级差别

朱元璋建立明朝以后，集历代专制统治之大成，实行了一套有史以来最完备的统治制度，强化皇帝的专制权威。

明代官员服饰有祭服、朝服、公服、常服，其中以常服最有代表性。洪武三年（1370）规定官员视事穿常服，戴乌纱帽，团领衫束带。公、侯、伯、驸马、一品用玉带，二品用花犀带，三品用金钑带，四品用素金带，五品用银钑带，六品、七品用素银带，八品、九品用乌角带。

洪武二十四年（1391）规定，常服用补子分别品级，因此常服又称为补服。此时，祭服、朝服、公服仍然存在，也有相

---

[1] 〔后晋〕刘昫等撰：《旧唐书》点校本，第 1953 页，中华书局，2017 年。

图 18-1　明代文一品补服展示图（摘自《中国历代服饰》）

按照《明史·舆服志》规定：明代太师、太傅、太保，官级为正一品；少师、少傅、少保、太子太师、太子太傅、太子太保，官级为从一品。

应的等级规定，但是常服用补子来标识官员的品秩渐渐成为官服的主流。

　　补子文官绣禽，武官绣兽，以不同的禽兽图案代表不同官职的高低。何以用禽兽为徽识？道理很简单，既然皇帝以龙为代表，文武百官自然该以禽兽比拟，方好"百兽率舞"了，于是，文臣武将服饰制度就以一种特定的动物为标志，把它绣在前胸及后背的两块织锦上。

　　明代补子有前后两片，用金线把图案盘在红色的底子上，补子以素色为主，底子大多为红色上用金线盘成各种规定的图案，无彩绣蟒的比较少见，四周用一般双线绣边，不用边饰。清代补子约40厘米见方，补子底色多以红色等单色为底，"金

图 18-2　明代仙鹤补子

《诗经·鹤鸣》云"鹤鸣于九皋，声闻于天"。仙鹤是吉祥鸟，又象征延年益寿，地位仅次于凤凰。龙凤是帝后象征，仙鹤在龙凤之下，成为文官一品的补子图案。

图 18-3　明代织金狮子补子

武官二品为狮子补，动物界狮子为百兽之王，但是在中国多出了一个瑞兽麒麟，狮子只能位居第二，成为二品武官的补子图案。

线绣花""四周多为光变"[1]。

　　明代补服类袍，盘领右衽，长袖施缘。《明会典》规定，明代补子图案：

　　公、侯、驸马、伯，绣麒麟，白泽。

　　文官：一品绣仙鹤，二品绣锦鸡，三品绣孔雀，四品绣云雁，五品绣白鹇，六品绣鹭鸶，七品绣鸂鶒，八品绣黄鹂，九品绣鹌鹑，杂职未入流绣练鹊。风宪官绣獬。

　　武官：一品绣麒麟，二品绣狮子，三品绣虎，四品绣豹，五品绣熊罴，六品、七品绣彪，八品绣犀牛，九品绣海马。

　　以上规定的补子纹样，到了明代中期及后期，文职官吏尚能遵守，有不遵循其制度的，武职品官后期补子概用狮子，也不加以禁止。麒麟补子原为公、侯、伯、驸马、一品武官专用，

① 臧诺：《清代官补》，第 15 页，华夏出版社，2016 年。

后来锦衣卫至指挥、金事而上也有服用麒麟补子者①。明武宗正德年间，滥用麒麟补子，甚至波及中低级官员。这实际是朝代纲纪紊乱的结果。至嘉靖、崇祯时，先后重行申饬，禁止僭越官职品服。

此外，明代尚有葫芦、灯景、艾虎、鹊桥、阳生等补子，乃是在品服之外的一种补子，是随时依景而任意为之的。

补服是官员的常服，使用频率高。此外，根据不同的场所、活动内容而更换祭服、朝服、公服。洪武二十六年（1393）定

图18-4 明代官员朝拜水陆画
山西右玉县宝宁寺水陆画。上部官员戴展角幞头，着交领袍服，手持笏板。下部六位官员手持笏板，戴展角幞头，穿圆领袍服，服色分红、绯、青、绿四种，表明官阶的高低。

官员祭服：青罗衣，白纱中单，黑色缘；赤罗裳皂缘，蔽膝，方心曲领；冠带、佩绶与朝服相同。家祭时，三品以上去方心曲领，四品以下去佩绶。

洪武二十六年定公服，衣用盘领右衽袍，用纻丝或纱罗绢，袖宽三尺。一品至四品绯袍，五品至七品青（深蓝）袍，八品、九品与未入流官员绿袍。公服花样，一品大独科花，直径五寸；

① 周锡保：《中国古代服饰史》，第380页，中国戏剧出版社，1986年。

二品小独科花，直径三寸；三品散答花，无枝叶，直径二寸；四品、五品小杂花纹，直径一寸五分；六品、七品小杂花，直径一寸；八品、九品未入流官员无纹[①]。

三、官职的象征乌纱帽

乌纱帽是中国古代官员的代表性官帽。我们今天说官职，往往以乌纱帽代之，诸如丢了乌纱帽（丢了官职），摘取乌纱帽（免去官职），说明乌纱帽的概念已经深入社会，深入人心。

以黑色纱罗制成的乌纱帽在魏晋时期就流行，通常做成桶状，戴时高竖于顶。《晋书·舆服志》记载："成帝咸和九年（334）……二宫直官着乌纱帢。然则往往士人宴居皆着帢矣。而江左时野人已着帽，人士亦往往而然，但其顶圆耳，后乃高其屋云[②]。"乌纱帽在魏晋时，尚不是官帽，只有文人雅士对此钟情，是可以表示他们高逸情怀的一种休闲的帽子。

图 18-5　乌纱帽
乌纱帽负载了千年的历史，在中国是官位的象征。为了保头上的这顶乌纱帽，很多人煞费苦心，惨淡经营，但是又留下了什么？是官的政绩还是官的清白？

乌纱帽成为官帽始于隋代。《隋书·礼仪志七》："开皇初，高祖常着乌纱帽，自朝贵以下，至于冗吏，

图 18-6　戴乌纱帽穿补服
的明代官吏
明代官员也有戴幞头的，
但是使用乌纱帽更为频
繁。明代前期戴幞头的多，
明代中后期则普遍使用乌
纱帽。

通着入朝[①]。"因为隋高
祖（即隋文帝杨坚）喜欢
戴乌纱帽，上有喜好，下
必效仿。官员们也戴起了
乌纱帽，不分官职高低，
戴着乌纱帽上朝。数百号
官员都戴着同样的乌纱帽，在朝会上相遇，那场面颇为壮观。

　　隋唐以降，到了五代、宋代以及元代，乌纱帽一直沿用，
但是并不是主要的冠帽。这几个朝代的乌纱帽波澜不起，似乎
在等待时机，东山再起。

　　以乌纱帽代表官职，流行于明代。明人田艺蘅《留青日札》
卷二十二："洪武改元，诏衣冠悉服唐制。士民束发于顶，官
则乌纱帽、圆领、束带、皂靴[②]。"这时的乌纱帽经过改制，以
铁丝为框，外蒙乌纱，帽身前低后高，左右各插一翅。文武官
员上朝着朝服，头戴乌纱帽，成为官服的固定搭配。洪武三年
（1370）文武官员上朝视事，着公服，其构成为乌纱帽、圆领衫、

①　〔唐〕魏征等撰：《隋书》点校本，第 267 页，中华书局，2016 年。
②　〔明〕田艺蘅撰，朱碧莲点校：《留青日札》，第 427 页，上海古籍
　　出版社，1992 年。

图 18-7　明代八达晕锦
几何纹是唐宋以来传统的图案，明代最突出的就是八达晕锦，又称八答晕，图案变化多样，庄重华美。

束带和皂靴。

　　另外，已经取得功名而未授官的进士，也可以戴"乌纱帽"，从此"乌纱帽"就成为官员特有的标志性服饰了。乌纱帽被指定作为官帽开始于明代，也结束于明代。因为清朝统治者入关以后就废除了以前的冕服制度，官员的乌纱帽也换成了红缨帽。

第十九章 美丽挡不住

——明代的鬏髻

蓬松、高峨的发饰，有使人产生鹤立鸡群的效果，使人很容易跃入人们的眼帘，在当今的时装发布会和发型展示沙龙上，总能见到这样先声夺人的夸张发型。夺人眼球，并非我们今天的首创，在中国古代就有了，魏晋南北朝时期就出现了高巍的发型，如飞天髻、灵蛇髻等。

高峨蓬松、高耸入云的发型，从上古开始，发展到隋唐宋元，再到明清。宋代女性流行戴高冠，元代贵族女性更是创意为姑姑冠，至明代则有鬏髻，而清代则是如意头、奉拉翅。

一、明中叶流行高髻

高髻在明中叶很流行，宫中女性与社会女性颇为青睐高髻，这种高髻其实是一种假髻，用丝网变成的发罩，大名鬏髻。

明代奇书《金瓶梅》记述了这种高髻。第2回"西门庆初见潘金莲，但见（潘金莲）：头上戴着黑油油头发鬏髻，口面上缉着皮金，一径里踅出香云一结"。第6回"只见那妇人（潘金莲）穿着一件素淡衣裳，白纸鬏髻，从里面假哭出来"。第11回"西门庆恰进门槛，看见二人家常都戴着银丝鬏髻，露出四鬓，耳边青宝石坠子，白纱衫儿，银红比甲，挑线裙子，双弯尖趫红鸳瘦小鞋，一个个粉妆玉琢，不觉满面堆笑"。第14回"李瓶儿打听到潘金莲的生日，穿着白绫袄儿，蓝织金裙，白苧布鬏髻，珠子箍儿，来与金莲做生日"。第52回"只有孟玉楼、潘金莲、李瓶儿、西门大姐、李桂姐穿着白银条纱对衿衫儿、鹅黄缕金挑线纱裙子，戴着银丝鬏髻、翠水祥云钿儿、金累丝簪子、紫夹石坠子，大红鞋儿，抱着官哥儿，来花园里游玩"。

图 19-1 明代的金丝扭心鬏髻（南京博物院藏）
1956 年南京栖霞山明代墓葬。其形制有别于普通的圆形、圆锥形鬏髻，以金丝编织焊接而成。高 9.2 厘米，重 81.5 克。

　　从上述的描写中，我们可以看到无论是养尊处优的西门庆的妻妾，还是勾栏卖笑的妓女，在《金瓶梅》表现的时代中，她们不分贵贱，都喜好戴着鬏髻，显然鬏髻是一种流行的时尚之物。本来服饰有贵贱差异，如李瓶儿曾穿着蓝织金裙，所谓织金裙乃是用加入真金材料的云锦面料做成的裙子[①]。云锦是明清时期皇室成员，以及显贵高官、家眷才可使用的高档面料，一般官宦人家及其家眷使用织金衣料，属于僭越，僭越则可以治罪。因为西门庆身份的特殊，他的家眷使用织金等妆花服饰也有其合理性。他的家眷追求服饰的高档，款式的时尚，在发型及其佩戴的饰物方面也不甘落后，追逐潮流。

　　从官宦家眷潘金莲、孟玉楼，普通市民王六儿，以及勾栏妓女李桂姐都喜好戴鬏髻，也说明鬏髻的社会普及率很高，流行的覆盖面极广，老少咸宜。

---

① 黄强：《金瓶梅中妆花服饰考》，收入黄霖、杜明德主编：《临清与金瓶梅》，齐鲁书社，2008 年。

二、鬏髻质地反映家庭经济背景

鬏髻有多种材料制成。普通的就是铜丝，高级一点的是银丝、银鎏金，最高档的是金丝。还有白苎布、白纸质地，以及用头发自行编织的，潘金莲"黑油油头发鬏髻"是一例（第2回）。

不同家庭背景、经济状况，使用不同的材质鬏髻。孟晖女士认为穷人家的妇女戴头发编的鬏髻，而有钱人家的妇女戴着银丝，或者金丝编织的狄髻[①]。也可以说，不同材质的鬏髻，表明妇女的不同身份，如是丫鬟下人，还是官宦人家的主妇。人物身份、地位的变化，通过鬏髻材质的变化折射出来。

江苏南京栖霞山二号墓出土的金丝鬏髻，高9.2厘米，有两道金梁，正面用金丝盘绕出一朵牡丹花，侧面扭出旋卷的曲线。江苏无锡出土的金丝鬏髻，高9.2厘米，也是两道梁，侧面也有旋纹，属于当时的"时样扭心鬏髻"。而部分金、银丝鬏髻，没有旋卷[②]。

江苏武进横山桥出土的王洛妻盛氏墓出土的鎏金银丝鬏髻，高13.5厘米；无锡陶店桥华复诚妻曹氏墓出土的鎏金银丝狄髻，高9厘米，外形轮廓像小尖帽，中部偏下拦腰用粗银丝隔成上下两部分，上部接近圆锥形，自底至顶略有收分，下部外侈，像一圈帽檐。浙江义乌青口乡吴鹤山妻金氏墓出土的金丝鬏髻，高6.5厘米，上部较圆钝，像小圆帽，檐部外侈，在正背面有长条形的窗眼。上海李惠利中学明墓出土的银丝鬏髻，高度5.7厘

① 孟晖：《潘金莲的发型》，第37页，江苏人民出版社，2005年。
② 孙机：《中国古舆服论丛》（增订本），第313页，文物出版社，2001年。

图 19-2　明代金丝扭心鬏髻
（南京博物院藏）
江苏无锡明墓出土，宽 7.8 厘
米，高 9.2 厘米，重 81.5 克。
前低后高作卷曲状，用金丝编
成，粗金属丝作骨架，冠正面
镶金丝盘花，两侧钩纹。

图 19-3　明代金丝鬏髻
浙江义乌明代吴鹤山妻金氏
墓出土，高 6.5 厘米，檐部
向外倾，以金丝编成。

米，顶部较圆。

　　综上而叙：鬏髻形制略有不同，常规的多成圆形、圆锥形。特殊的就是扭心鬏髻，在工艺制作上较为考究，形制上除了保持圆形外，更接近冠，在顶上的后部旋转扭曲，形成一个空囊，正好把多余的头发套在里面。孙机先生总结："一般说来，鬏髻不像男子戴在巾子下的束发冠那样，它不受头巾的制约，所以比束发冠高；束发冠的平均高度在 4 厘米左右，而鬏髻的平均高度约为 8 厘米[1]。"

---

[1]　孙机：《中国古舆服论丛》（增订本），第 313 页，文物出版社，2001 年。

三、鬏髻是假发还是假发套子

鬏髻与发型有关，是没有问题的。但是究竟是假发，还是假发套子，仍需要说明。孙机先生认为鬏髻是发罩："这两件发罩均以粗金丝为骨架，再络上细金丝绞结而成，和用金银薄片锤鍱出的冠不一样，其名称应为鬏髻[①]。"

鬏髻在女性中流行，有其社会的渊源：其一两宋时期妇女喜欢戴冠。宋代周密《武林旧事》卷七云：在宋孝宗生辰时，皇后换团冠、背子，卷八又说皇后谒家庙时也戴团冠。上层社会女性如此，基层社会厨娘也戴团冠，即厨师帽，可见戴高冠是北宋妇女的流行时尚。其二与宋代社会流行包髻有关。宋代孟元老《东京梦华录》卷五说：宋代媒人"戴冠子，黄包髻"。孙机先生分析：戴冠子时无须包髻，所以这里的意思是：或戴冠子，或包髻；可见二者以类相从[②]。反映宋代社会生活的壁画，如白沙宋墓壁画，图中的宋代妇女所戴的冠为尖角大冠。

按照元代杂剧中唱词"梳着个霜雪一般白鬏髻"记录的鬏髻，孙机先生认为，鬏髻起初就是发髻本身，但是在戴冠和包髻的影响下，鬏髻上又裹以织物[③]。鬏髻在元代开始由单一的发髻，逐渐演变了，因为女性觉得单一的发髻，花样太少，不足以表现美观新奇，便开始在发髻上加装其他的饰品，用一个骨架做成发架或发套，罩在头发上，这样就可以按照心愿做成高大蓬松的夸张造型。

到了明代，鬏髻又发展了，不仅材质多样，其造型也有变化，

---

① 孙机：《中国古舆服论丛》增订本，第309页，文物出版社，2001年。
② 同上书，第309—310页。
③ 同上书，第312页。

图 19-4　鎏金银发鼓
江苏无锡江溪明代华复成妻曹
氏墓出土。此物有的称鬏髻，
有的称发鼓。发鼓是从形状上
称谓，尚未实施到头顶。顾起
元《客座赘语》云："今留都
妇女之饰在首者……以铁丝织
为圆，外编于发，高视髻之半，
罩于髻而以簪绾之，名曰鼓。"

图 19-5　明代银鬏髻和金满冠
上海李惠利中学明墓出土。以银
丝编成，高 5.7 厘米。在银鬏髻
外面又加了一个金满冠，鬏髻是
用于头发方面的，形成圆锥或圆
形的发型，需要在加入头冠、钗、
簪、分心、掩鬓等形成头部的妆
容装饰，明代称之为头面，少者
几件，多则几十件。

除了常规的圆形、圆锥形、尖形之外，又有了扭心鬏髻。《明史·舆
服志三》记载："洪武三年（1370）定制，凡宫中供奉女乐、
奉銮等官妻，本色鬏髻[①]。"所谓本色，即本等服色，指鬏髻上
所裹织物的颜色。

　　明代妇女最流行的做法，是用鬏髻、云髻或冠，把头发的
主要部分，即发髻部分，包罩起来[②]。明代妇女已不单独戴鬏髻，
围绕着它还要插上各种簪钗，形成以鬏髻为主体的整套头饰。
更准确地说，明代的鬏髻其实是女性的整套头饰的集成效果。
也就是说不能孤立地说鬏髻，鬏髻是女性妆饰好后的头部的整
体形象。

①　〔清〕张廷玉等撰：《明史》点校本，第 1653 页，中华书局，2016 年。
②　孟晖：《潘金莲的发型》，第 37 页，江苏人民出版社，2005 年。

女性戴上鬏髻之后，需要在鬏髻的外面裹上织物，进行妆饰，鬏髻本身是个发罩，只是把发型衬托起来。通常情况下，在金丝、银丝制成的网子外覆以黑纱，也有将色纱衬在鬏髻里面的，再插上簪子、钗子，形成冠的形状。图像给了我们直观的印象，如图19-6所示的明代贵妇人戴狄髻的人像，这样的妆饰，更接近贵族妇女所戴的金冠。

四、鬏髻彰显女性身份

鬏髻不仅仅是发型,而且是明代女性已婚身份的一种标志。服饰可以区别家庭经济状况及自身身份地位，以及所在家庭男丁的官职大小，但还是无法完全区别已婚与未婚。发型则可以起到区别已婚与未婚的作用。

鬏髻是明代已婚妇女的正装，家居、外出或会见亲友时都可以戴，而像上灶丫头那种身份的女子，就没有戴鬏髻的资格[①]。按照当时的习俗，出了嫁的妇女一般都要戴鬏髻，它是女性已婚身份的标志。未婚女子就不能戴鬏髻，要戴一种叫云髻的头饰。

另外，鬏髻除了标示已婚与未婚的区别外，多少还可以标明身份，即非独立的丫鬟与独立的用人之间的区别。

《金瓶梅》中描述正好应验了这个观点，社会上的妓女可以戴鬏髻，如李桂姐，但是西门庆府中的烧火丫头就不能戴鬏髻，书中就没有丫鬟戴鬏髻的记录。因为丫鬟没有人身自由，也没有独立的经济能力。孙雪娥负责西门府的汤羹，早已不是

---

① 孙机:《中国古典服论丛》（增订本），第313页，文物出版社，2001年。

丫鬟，她已经升格成为西门庆的侍妾，她可以戴鬏髻。西门庆一命呜呼，西门府树倒猢狲散之后，春梅嫁入守备府，她开始报复孙雪娥，大发淫威，"与我把这贱人扯去了鬏髻，剥了上盖衣服，打入厨下，与我烧火做饭。"本来打入厨房就可以了，为什么还要扯去孙雪娥的鬏髻？就在于丫鬟不能戴鬏髻，鬏髻具有身份的识别作用。掌管厨房事务，戴鬏髻表明是主管，具有人身权的独立性；不戴或不能戴鬏

图 19-6　明代汪氏太孺人戴鬏髻像
周锡保先生认为是特髻，笔者从造型上分析，认为是鬏髻，有一个圆锥形的发罩，以金属丝编织而成。额间用额帕，即头箍。穿交领大衫，胸前、背后有补子。命妇的穿着，以其夫或子的官职配不同图案的补子。

髻，标明没有独立的人身权，就是丫鬟的身份。

　　鬏髻从小处说就是一种头饰，起到美化、妆饰的作用。但是围绕着鬏髻还具有身份的标识，这已经超越了美化的功能，具有了社会的属性，通过佩戴不同材质的鬏髻，还可以看出女性在家庭、在社会中的地位。

五、鬏髻显风流

　　鬏髻以金、银等材料打造、编织而成，价值不菲。《金瓶梅》第 25 回记述了宋惠莲向西门庆讨要鬏髻的事情。

宋惠莲对西门庆说："你许我编髣髻，怎的还不替我？怎时候不戴，到几时戴？只教我成日戴这头发壳子儿。"西门庆道："不打紧，到明日将八两银子，往银匠家替你拔丝去。"

这段描述传递了几个信息，一是编织一个银髣髻，需要八两银子。联系《金瓶梅》中，一个丫鬟的价格不过三五两银子，一个银髣髻本钱就要八两，非普通人家家眷可以使用得起。因为价值不菲，西门庆才能用此物打动爱慕虚荣、贪恋钱财的宋惠莲，把宋惠莲占为己有。髣髻是网状物，工艺上首先要将金银打制成丝（采用拔丝工艺），编制成圆形或圆锥形，因此才有银丝髣髻、金丝髣髻的名称。《金瓶梅》中也交代了髣髻的形制与使用方法。第28回陈经济看到潘金莲临镜梳妆，"红丝绳儿扎着，一窝丝攒上，戴着银丝髣髻"。说明髣髻与发型并不是连接在一起的一个物什，而是类似发罩之类的玩意。

发型是头饰、妆饰的一个方面，风流先从头上起，魅力诱惑顶上流。《金瓶梅》中的髣髻就是这样一个"身体风流先顶上"的物件，也可以说是女性展现性魅力的一件武器。对于明朝女性中流行的髣髻，《金瓶梅》的作者不惜笔墨描述，不厌其烦展示，因为髣髻是挡不住美丽的风情：潘金莲戴髣髻展示妩媚，李瓶儿用髣髻表现俏丽，王六儿不甘示弱用髣髻显露风骚，李桂姐自不甘落后戴上髣髻凸显风情。

对于髣髻，《金瓶梅》中的女人们疯狂追逐，不能用上高档的金银材质的髣髻，就用铁质的，布质的，纸做的，甚至头发编织的髣髻，唯一的目的就是为了使自己的美被世人羡慕，被汉子喜欢。所谓美丽挡不住，髣髻显风流。

第二十章 白衣卿相无艳色

——明代士人与平民服饰

对于明代服饰，读者相对于其他朝代的服饰要熟悉一些，汉服推广与宣传中，把清代、民国的服饰排斥在外，他们认为的汉服是明代以前包括明代的汉族服饰。但是在汉服推广和历史影视作品中，出现服饰舛误的非常普遍。以笔者的观察，几乎没有服饰不出差错的历史剧。

2016 年 2 月江苏卫视播出以明英宗、景泰帝期间为历史背景的电视剧《女医·明妃传》，剧中虽然有很多明代服饰元素，但是用错了地方，年代也混淆，存在用错冠冕、发髻穿越、冠饰不对等诸多问题。

明代服饰制度严明。不仅对官服规定严格，对平民服饰规定同样严格。

一、生员服饰

士或士人是中国一个特别的阶层，古代指读书人，也即古

图 20-1　明代士人圆领大袖衫
儒士所穿的服饰，"生员衫，用玉色布绢为之，宽袖皂缘，皂条软巾垂带。凡举人监者，不变所服"。

代文人或称知识分子，属于社会的精英阶层。他们以"修身、齐家、治国、平天下"为人生目标，实践他们的社会主张。《孟子·尽心上》："穷不失义，故士得己焉；达不离道，故民不失望焉。古之人，得志，泽加于民；不得志，修身见于世。穷则独善其身，达则兼济天下。"士这个阶层介于官与民之间，没有显达时是民，显达时是官。按照惯例，士人还没有进入仕途时，只能穿白袍。《唐音癸签》有云："举子麻衣通刺称乡贡"，麻衣就是白衣，宋代词人柳永《鹤冲天》云："才子词人，自是白衣卿相"，后代用白衣卿相指尚无发迹的士人。

明代服饰制度，明确官民界限，给予读书人以优惠和重视①。明太祖与马皇后都很重视举子的服饰，在他们的过问下，"三易其制"，制定士人举子的服饰，与庶民、官员相区别。

位于应天府（今江苏南京）鸡笼山附近的国子监，是明代的最高学府，开设于明洪武十五年（1382），永乐年间达到极盛，生员（学生）最多时有九千余人。国子监的学生（监生、贡生）是一个特殊的群体，可以参加乡试，可以出仕为官，也享受免役优待、法律特赦②。

明代的生员服饰专用襕衫，用玉色布绢制作，宽袖皂缘，前后有飞鱼补，皂绦软巾垂带。洪武末年，又许生员戴遮阳帽。如图 20-2 唐寅像即中身穿襕衫，头戴遮阳帽——也叫古笠，唐代称之为席帽。

襕衫是生员的礼服，祭孔、祭祖、见官、赴宴等正式场合下穿着，平时着便服。明代生员平时戴四方平定巾，服各色花

---

① 王熹：《明代服饰研究》绪论，第 1 页，中国书店，2013 年。
② 吴晗：《灯下集》，第 137 页，三联书店，2007 年。

图 20-2　唐解元唐寅像

唐寅，字伯虎。明弘治十一年（1498），唐寅中应天府乡试第一（解元）。按照明代士人之观点，士人不允许流连风月场，但是唐寅年少轻狂，流连欢场。弘治十二年（1499）唐寅进京参加会试，因受江阴举子徐经科场作弊案牵连，下狱，后被废黜为吏。突发变故让唐寅丧失了进取心，从此游荡江湖，潜心诗画之间，终成一代名画家。

素绸、纱、绫、缎道袍。贫困者，冬天用紫花细布或白布为袍，富裕者冬天用大绒茧绸，夏天用细葛为袍[①]。

二、儒生士子服饰

对于不在学校学籍的士人（也可称儒生），其服饰也有别庶民。

举子的服饰以宽边直身的斜领大襟宽袖衫为主，变化也只在袖身的长短大小上，《阅世编》说："公私之服，予幼见前辈长垂及履，袖小不过尺许。其后衣渐短而袖渐大，短才过膝，裙拖袍外。袖至三尺，拱手而袖底及靴，揖则堆于靴上，表里皆然。履初深而口几及踊，后至极浅，不逾寸许[②]。"

① 龚笃清：《明代科举图鉴》，第 164—165 页，岳麓书社，2007 年。
② 〔清〕叶梦珠撰，来新夏点校：《阅世编》，第 198 页，中华书局，2012 年。

四方平定巾，是明代儒生及处士所戴的方形软帽。《三才图会·衣服一》述其来源谓："方巾，此即古所谓角巾也，制同云巾，特少云文，相传国初服此，取四方平定之意①。"角巾，是带棱角的头巾，旧时隐士常着之。六合一统帽也称六合巾，用六片罗帛拼成，因寓意江山一统，得到明太祖的喜爱并倡导。

图 20-3　戴四方平定巾的男子

名称高大，寓意深远，符合圣意，口彩吉祥。细究起来，不过是杨维桢马屁拍得好，有了一个宏大的名称，得以推广。

儒巾，明代士人所戴的软帽，为生员的服饰。制如方巾，前高后低，以黑漆藤丝为里，乌纱为表，初为举人未第者所服，后不分举、贡、监、生，均可戴之。《三才图会·衣服一》："儒巾，古者士衣，逢掖之衣，冠章甫之冠，此今之士冠也。凡举人未第者皆服之②。"

阳明巾，明代士人所戴的一种便帽、相传于浙江绍兴会稽山下阳明洞创立"阳明学派"的名儒王阳明曾戴此巾，故名，流行于隆庆、万历年间。明人余永麟《北窗琐语》："迩来巾有玉壶巾、明道巾、折角巾、东坡巾、阳明巾。"明人顾起元则说："士大夫所戴，其名甚多，有汉巾、晋巾、唐巾、诸葛巾、纯阳巾、东坡巾、阳明巾、九华巾、玉台巾、逍遥巾、纱帽巾、

---

① 〔明〕王圻、王思义编集：《三才图会》，第 1503 页，上海古籍出版社，1993 年。
② 同上书，第 1502 页。

华阳巾、四开巾、勇巾。巾之上或缀以玉结子、玉花瓶，侧缀以二大玉环。而纯阳、九华、逍遥、华阳等巾，前后益两版，风至则飞扬。齐缝皆缘以皮金，其质或以帽罗、纬罗、漆纱，纱之外又有马尾纱、龙鳞纱，其色间有用天青、天蓝者。至以马尾织成巾，又有瓦楞单丝、双丝之异[①]。"

东坡巾，士人所戴头巾。以乌纱为之，制为双层，前后左右各折一角，相传为苏东坡首戴此巾，故名。元明时期较为流行。明人杨基《赠许白云》："麻衣纸扇趿两屐，头戴一幅东坡巾。"明人沈德符《万历野获编》卷二十六："古来用物，至今犹系其人者。……帻之四面垫角者，名东坡巾[②]。"

角巾，也称折角巾、林宗巾，明代儒生戴的软帽。有四、六、八角之别。

素方巾，一种本色头巾，明代流行于江南地区，多用于士人，取其简便、洁净。《云间据目钞》卷二："缙绅戴忠靖巾，自后以为烦，俗易高士巾、素方巾。"

浩然巾，男子所戴的暖帽，以黑色布缎为之，形如风帽。相传唐代孟浩然常戴此帽御寒，故名。明清时期较为流行，通常用于文人逸士。《儒林外史》第24回："只见外面又走进一个人来，头戴浩然巾，身穿酱色绸直裰，脚下粉底皂靴，手执龙头拐杖，走了进来。"

程阳巾，明代男子所戴的一种便帽，其状类似东坡巾，唯帽后下垂两块方帛，相传宋代理学代表人物程子（程颐）曾戴此巾，故名。明人刘若愚《酌中志》卷十九："长巾者，制如

① 〔明〕顾起元撰，吴福林点校：《客座赘言》，第21—22页，南京出版社，2009年。
② 〔明〕沈德符撰：《万历野获编》，第663页，中华书局，1997年。

图 20-4　明代儒巾图
生员之服，形制前高
后低，以黑油漆藤丝
为里，乌纱为表。起
初系举人参加会试落
榜时所穿制服，后来
不分举人、贡生、监
生、生员，均可服之。

东坡巾，而后垂两方叶，如程子巾式[①]。"

　　方山巾，明代士人所戴的一种软帽，其形四角皆方。明人徐咸《西园杂记》："嘉靖初年，士夫间有戴巾者，今虽庶民亦戴巾矣。有唐巾……方山巾、阳明巾。巾制各不同。闾阎之下，大半服之。"

　　软巾，明代士人所戴的帽子，以黑色绫罗为之，顶部折叠成角，下垂飘带。贵贱都可戴之。其制颁定于明初。《明史·舆服志三》："（洪武）二十四年，以士子巾服，无异吏胥，宜甄别之，命工部制式以进。太祖亲视，凡三易乃定。生员襕衫，用玉色布绢为之，宽袖皂缘，皂绦软巾垂带。贡举入监者，不变其服[②]。"

　　凌云巾，简称云巾。明代士人所戴头巾，形制和忠靖冠相类。以细绢为表，上用色线盘界，并饰以云纹。流行于明代中叶。

① 〔明〕刘若愚：《酌中志》，第 173 页，北京古籍出版社，2001 年。
② 〔清〕张廷玉等撰：《明史》点校本，第 1649 页，中华书局，2016 年。

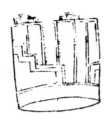 

巾雲　　巾五治

图 20-5　《三才图会》中治五巾、云巾

治五巾系明代士人所戴的一种帽子，以黑色漆纱为之，帽上有三道直梁。云巾，帽裙下垂，披及肩背，两角尖锐，形似燕尾，又称燕尾巾。

《三才图会·衣服三》："云巾，有梁，左右及后用金线或青线层曲为云状，颇类忠靖冠，士人多服之。"《北窗琐语》："迩来又有一等巾样，以细绢为质，界以绿线绳，似忠靖巾制度，而易名曰凌云巾。虽商贩白丁，亦有戴此者。"

治五巾，明代士人所戴的便帽，以黑色漆纱为之，帽上饰有三道直梁。《三才图会·衣服一》："治五巾，有三梁，其制类古五积巾，俗名缁布冠，其实非也。士人尝服之。"

金线巾，明代士人所戴的头巾，因为巾上嵌有金线而得名。

披云巾，明代士庶男子所戴的一种头巾，以绸缎为表，内纳棉絮。也可以用毡制成，顶呈匾方形，后垂披肩。多用于御寒。

进士巾，明代进士所戴头巾。以皂纱为之，制与乌纱帽相类，左右两角短而宽开阔。明人沈傍《宛署杂记》卷十五："工部，三年一次补办状元等袍服，候文取用。万历二十年，取状元梁冠一顶，……进士巾七十五顶。"

三、网巾、四方平定巾与六合一统帽

明代有三件冠帽使用率很高，流传甚广，是明代代表性服饰品种。

网巾适用性广，成年男子普遍使用，上至高官、君王，下至乡野之人。网巾，也称网子，通常以黑色丝绳、马尾或棕丝编织而成，亦有用绢布制成者。万历年间转变为以人发、马鬃编结。明代男子家居时可以只戴网巾，外出时则需在网巾上加戴帽子，否则便显得失礼。《古今事物考》记载："古无此制，故古今图画人物皆无网。国朝初定天下，改易胡风，乃以丝结网，以束其发，名曰网巾[①]。"由于网眼较粗，罩在头上透气，脱卸便捷，制作成本低廉，深得百姓欢迎。民间男女调情有以"网巾"为题："网巾好，好似我私情样。空聚头，难着肉，休要慌忙，有收有放。但愿常不断，抱头知意重，结发见情长，怕有破绽被人瞧也，帽子全赖你遮藏掩。"

网巾的流行，相传为明太祖洪武初年所倡。"太祖一日微行，至神乐观。有道士于灯下结网巾。问曰：'此何物也？'对曰：'网巾，用于裹头，则万发俱齐。'明日，有旨召道士，命为道官，取巾十三顶颁于天下，使人无贵贱皆裹之也[②]。"

网巾的造型类似渔网，网口用布帛作边，俗称边子。边子旁缀有金属制成的小圈，内贯绳带，绳带收束，即可约发。在网巾的上部，亦开有圆孔，并缀以绳带，使用时将发髻穿过圆孔，用绳带系栓，名曰"一统江山"；大约在明代天启年间，又省

---

① 王三聘辑：《古今事物考》，第118页，上海书店，1987年。
② 黄强：《南京历代服饰》，第131页，南京出版社，2016年。

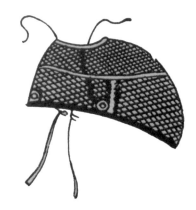

图20-6　网巾

明代讲究社会等级，但是网巾则是最不讲等级差别的，"人无贵贱皆裹之"。大概正是这样的原因，网巾深受社会各阶层欢迎，也算是明代的时尚之物，"网红"产品。

去上口绳带，只束下口，名"懒收网"。明亡后，其制废。

朱元璋对于服饰非常重视的，大明建立之初，就留意服饰的教化作用，四方平定巾的定制据说也与明太祖有关。

方巾又称四方平定巾、民巾、黑漆方帽。明代儒生所戴的方形软帽，以黑纱为之，可以折叠，展开时四角皆方，故称。巾式有高有低，因时而异。明末其式变得更高，有"头顶一个书橱"之形容。《七修类稿》卷十四记载："今里老所戴黑漆方巾，乃杨维桢入见太祖所戴。上问曰：'此巾何名？'对曰：'此四方平定巾也。'遂颁式天下①。"杨维桢随便编造的一个名称，迎合了明太祖初定天下，四方一统的心思，杨维桢的马屁拍得恰到好处，于是，洪武三年（1370）明太祖颁发诏令，向全国推广。初为一般士庶，后规定秀才以上功名者始可戴之，四方平定巾成为儒生、生员、监生等人的专用头巾。

与四方平定巾一样，六合一统帽也迎合了皇帝的圣意，得以推广。

---

① 〔明〕郎瑛著，安越点校：《七修类稿》，第164页，文化艺术出版社，1998年。

此帽俗称瓜皮帽、瓜拉冠，也称六合巾、小帽、便帽，多用于市民百姓。用六块罗帛缝拼，六瓣合缝，下有帽檐。瓜皮帽之名非常形象，六花瓣缝合之后戴于头上，宛如瓜皮倒扣。瓜皮帽在明代颇为流行，在于它的大名——六合一统帽。因为帽子以六瓣面料合成一体，缀以帽檐，故以"六合一统"命名，寓意天下归一。传说为明太祖朱元璋创制。明人陆深《豫章漫钞》云："今人所戴小帽，以六瓣合缝，下缀以檐如筒。阎宪副闳谓予言，亦太祖所制，若曰'六合一统'云尔。"一顶小帽有了一个很宏伟的大名。

明人刘若愚《酌中志》卷十九则记录了六合一统帽的形制、工艺与价格。"皇城内内臣除官帽、平巾之外，即戴圆帽。冬则以罗或纻为之；夏则马尾、牛尾、人发为之。有极细者，一顶可值五六两，或七八两、十余两①。"需要指出的，六合一统帽诞生于明代，但是清兵入关之后，它并没有被取缔，仍然是社会上流行的一款帽子。徐珂《清稗类钞·服饰》记载："小帽，便冠也。春冬所戴者，以缎为之；夏秋所戴者，以实地纱为之，色皆黑。六瓣合缝，缀以檐，如筒。创于明太祖，以取六合一统之意。国朝因之，虽无明文规定，亦不之禁，旗人且皆戴之②。"制造材料上，明代、清代有所差别。材料用纱、缎、倭绒、羽绫等，通常用丝绦结顶，讲究的用金银线结顶。瓜皮帽横跨明、清、民国三个时期，在民国初年也还能见到戴瓜皮帽的遗老遗少。

---

① 〔明〕刘若愚：《酌中志》，第 174 页，北京古籍出版社，2001 年。
② 〔清〕徐珂：《清稗类钞》，第 6195 页，中华书局，2017 年。

图 20-7 夏允彝父子像（清代徐璋绘《松江邦彦像册》，南京博物院藏）

徐璋系乾隆时期宫廷画院画师，代表作《松江邦彦像册》，绘制云间（今上海）哲像 110 人，夏允彝父子像是其中的一幅。夏允彝系崇祯十年（1637）进士，做过福建长乐县知县。清军进攻江南，夏允彝与陈子龙等在江南起兵抗清。其子夏完淳布衣身份，14 岁从军征战抗清。夏允彝殉国后，夏完淳和陈子龙继续抗清，兵败被俘，不屈而死，年仅 16 岁。此图绘制夏允彝、夏完淳父子着士人服饰。夏允彝戴四方平定巾，夏完淳戴飘飘巾，飘飘巾前后都有一披片，为士人常用的一种巾子。

四、平民服饰

明初政策对士人是优待的，并且体现在服饰上。但是对于商人却进行限制，商人排在士农工商四民的末位，其服饰划归与乐工、优伶、娼妓同属一个级别，可见明代推行重农抑商政策，对商人的限制很多。

因为民地位低下，与明代官服的多姿多彩相比，庶民之服逊色许多。无论在面料、制作工艺，还是色彩方面都无法比拟。庶民的服饰无非布衣布衫，《万历新昌县志》记载："小民简啬，惟粗布白衣而已。至无丧亦服孝衣帽，盈巷满街，即帽铺亦惟制白巾帽，绝不见有青色者，人皆买之。"平民平时穿的是布质的黑色长袍，春夏天单袍，秋天夹袍，冬天则棉袍，一年四季只能在白色、黑色两种服色的袍子中选择，更换。

对于燕居（在家）、致仕（退休）的官员来说，祭祀、上朝穿戴规范整齐的礼服、官服，受拘束太多，他们也乐意穿戴宽松的交领服饰，因为有官的身份，经济条件也允许，他们的服饰的面料并不完全受到庶民服饰的影响，可以使用绸缎等高档面料。明中叶以后社会规范松弛，新兴商人凭借经济势力，走上社会大舞台，他们渴望通过服饰的华贵来彰显他们的个性，引起社会的关注，从而成为一种政治势力，因此他们的服饰开始突破明初的规定，首先在面料、色彩上有所突破。

明代百姓服饰大抵以白布裤、蓝布裤、青布袄子为主。不仅仅是服饰制度的规定，也受到经济条件的制约。微薄的收入只允许他们用最低廉的价格购买最低档的衣服，因此也只能穿白布、蓝裤、青衫服饰。

明代平民服饰的变化与特点，主要在巾，古代冠、帽、巾，其实都是如今我们说的帽子，区别在于冠侧重礼仪方面，男子二十弱冠，戴冠表示进入成年，冠是硬质的礼仪用帽；帽在礼仪方面逊于冠，佩戴相对随意些；巾是软质的帽子，形制多样，变化多端，随意性大。官员们燕居时，也喜欢戴巾，如东汉末年，王公大臣都戴随意性的巾子。文人雅士，注重个性，表现风流倜傥的飘逸情调，也喜欢这种随便、简易的巾子。明代初定天下，文人士子流行戴巾，由此成为一种时尚潮流，故而明代的巾子是历代品种最多、个性最为鲜明的。

第二十一章 中国丝织的活化石

——灿若云霞的云锦

云锦诞生在南京，明清时期是皇室的贡品，但是进入现代，在很长一段时间，很多年轻人并不知道云锦。可以说1911年之后，随着最后一个王朝清王朝被推翻，云锦就渐渐淡出了舞台，专为皇室贵胄服务的云锦业渐渐萎缩。云锦虽然有中国丝织的活化石之称，1949年后有关部门对云锦织造业进行了整合，但是由于需求减少，价格不菲，织造费工费时，南京云锦业一度陷入窘境。2009年9月30日，南京云锦进入世界非物质文化遗产名录，再次进入世人的视线，人们开始关注这个曾经在我们身边，逐渐走远却并没完全消失的云锦。下面就让我们梳理南京云锦的历史，重温云锦的辉煌。

一、云锦历史很辉煌

南京云锦的历史可以追溯到东晋时期，至今有一千五百多年的历史。因为状如天上云霞，故名云锦。无花纹的丝织物，古代称之为"帛"，而有花纹，而且用彩色丝线织出的丝织物，称之为"锦"。"锦"在古代丝织物中，代表着最高技术水平的织物。云锦就是丝织物中的"锦"，也就是人们常说的中国丝织物中的精品。

云锦之名始于南朝，在南朝的《殷芸小说》中有这样的文字描述："天河之东有织女，天帝之子也，年年机杼劳役，织成云锦天衣。"在《南齐书·舆服志》中也有"加装饰金银薄，世亦谓之天衣①"的记载。

南京云锦始于元代，成熟于明代，发展于清。《金陵新志·历

---

① 〔梁〕萧子显撰：《南齐书》点校本，第341页，中华书局，2007年。

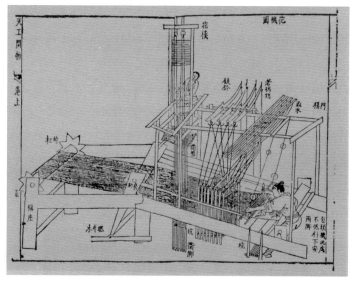

图 21-1 《天工开物》中云锦织机
宋应星《天工开物》的织机系小提花机。

代官制》记载，元代设"东织染局，至元十七年于城南隅前宋贡院立局有印，设局使二员，局副一员，管人匠三千六户，机一百五十四张，额造缎匹四千五百二十七段，荒丝一万一千五百二斤八两，隶资政院管领。西织染局，至元十七年于旧侍卫马军司立局，设官与东织染局同[①]。"

至元二十七年（1367）朱元璋在南京设立尚染局，洪武年间又先后设立神帛堂和供应机房，分别织造皇帝的龙衣、祭服、宫中所用的各种彩锦[②]。可以说明清皇家在南京设立织造机构，推动了云锦业的快速发展。

① 王宝林：《云锦》，第 13—14 页，浙江人民出版社，2008 年。
② 张道一：《南京云锦》，第 72 页，译林出版社，2012 年。

清代在南京、苏州、杭州设立织造局，《清会典》记载："岁织内用缎匹，并制帛诰敕等件，各有定式，凡上用缎匹，内织染局及江宁局织造。"江宁织局自清顺治二年（1645）建立，至光绪三年（1904）撤销，共存在260年，主管织造的官员中最著名的就是《红楼梦》作者曹雪芹的曾祖父、祖父、父辈，曹家祖孙三代四人主持江宁织造府前后65年。江宁织造肩负采办宫中缎匹一切事务，当然还兼有充当皇帝耳目的责任。

清代织锦业在康熙、乾隆年间最为繁盛，云锦除了皇帝、

图21-2　云锦大花楼木质提花机织机（黄强摄）

云锦织造是一项繁杂的系统工程，采用通经断纬工艺。

亲王服饰必用，而且还作为答谢越南、朝鲜等国的馈赠礼品。极盛时代，南京的织锦机户有二百余家，每户织机二三张、五六张不等，每年出品总数量价值白银二百余万两①。道光年间，南京拥有库缎织机 2500 台，妆花描金缎织机 1000 台。

明清时期的皇室大量使用云锦，当然在丝织物的品种中，并不是以"云锦"一名出现的，而是以云锦的具体品种，如妆花缎、织金缎、大蟒缎、三色金龙袍料、织金妆花缎、绿地福寿如意如意库缎、织金缎（纱）、八吉祥库缎、妆花纱龙袍料、黄地缠枝牡丹纹金宝地、白地云龙纹织金缎等名称出现。或者以用云锦袍料做出成品的形式出现，如皇帝穿的明黄纱织彩云龙夹龙袍、蓝色缎绣彩云金龙夹朝袍、黄色八团云龙妆花纱男夹龙袍，清雍正皇后穿的雪青色八团云龙妆花缎女绵龙袍、乾隆皇后穿的石青色寸蟒妆花缎金版镶嵌珠石夹朝裙、嫔妃穿的绿色缎绣博古纹锦袍、石青缎织彩云纹金龙夹朝服，亲王官袍前胸缀织的织金孔雀羽妆花团龙补子、山东曲阜衍圣公墨绿纹地平金五彩蟒袍、显贵官员穿的斗牛补袍服，等等。

明清时期的南京、苏州、杭州三个织造局，在生产上是有分工的。江宁织造局主要织造云锦、神帛，以缎匹为主；苏州织造局专织龙衮、锦缎、织绒、庆典用绸，主要是官用缎匹；杭州织造局织造绫、罗、绢、绸、绉，以赏赐用缎匹为主②。

江宁织造府撤销之后，云锦生产失去了皇室这个专有市场，逐渐颓败。民国时期虽然还有云锦生产，但是销售的对象已有所改变，不再是皇室，而是小众市场的西藏、蒙古等地区的王

---

① 徐仲杰：《南京云锦》，第 153 页，南京出版社，2002 年。
② 戴健：《南京云锦》，第 5 页，苏州大学出版社，2009 年。

公贵族。云锦生产也不再是皇室大包揽的特供，而变成自找市场，以销定产的个体经营；云锦昂贵的价格，不是面向大众的，其产业发展必然受到制约。加上民国时期新兴丝织面料的出现，民国战乱阻隔云锦的外销，诸多原因导致曾经发达兴盛的南京云锦业，陷入萧条冷落的状况。灿若天上彩霞的云锦，风光不再。

二、云锦何以珍贵

我国三大名锦分别是四川的蜀锦、苏州的宋锦、南京的云锦。云锦历史悠久，文化底蕴深厚，设计图案、色彩搭配、制作生产，都有一整套流程，也较为复杂，而且织造完全通过手工操作来完成，其工艺技术和艺术风格，靠匠人们的手传口授，代代相传。

图 21-3 江南织造臣七十四匹头云锦面料，清代红地加金菱格填花纹锦，纵 233 厘米，横 77 厘米。"江南织造臣七十四"是织造时的编号，相当于织造工的工号，如果有质量问题，可以查到织工是谁。

云锦非常金贵，因为织造费时费力，有"寸锦寸金"之说。过去织造云锦，都是采用 4 米高、5.6 米长、1.4 米宽的大华楼木质提花织机，有两个人分上下互相配合完成的。两人工作一天，只能织成几寸。清代采用妆花工艺，织造宽幅的彩织佛像，图案复杂，门幅超宽，五六位织造师傅通力合作才能完成，往往需要数年才

图 21-4　定陵出土万历皇帝龙袍复制品

南京云锦研究所复制。万历皇帝的这件龙袍出土时，已经风化、破损、褪色，几乎看不出原有的鲜艳色彩。云锦所历时 3 年复制终于获得成功。织锦金寿字龙云肩通袖龙襕妆花缎衬褶袍，身长 134 厘米，两袖长 240 厘米，袖宽 58 厘米。龙袍纹底为灵仙祝寿图案，上面织有仙鹤540 只，灵芝 540 个，以及 4×3 厘米的金色正楷寿字 1045 个。龙袍全身共织有 18 条五彩龙，领缘中为一正面祥龙，左右分列两条相同的五彩行龙，两袖为两条龙首向上、面向前襟的升龙。上衣中间有一如同柿子顶端的柿蒂龙形状图案，两龙首尾衔接盘踞于前襟后背，下裳共有龙栏 11 条，纹饰为龙赶珠、海水江牙及八宝纹。

能完成[1]。

　　云锦区别于其它地区的锦缎，除了图案花纹之外，最主要的特点就是大量用金，诸如捻金、缕金，包括用真金线、真银线[2]，与五彩的丝线交织在一起，编织成一种金碧辉煌、瑰丽灿

① 徐仲杰：《南京云锦》，第 161 页，南京出版社，2002 年。
② 同上书，第 4 页。

烂、典雅高贵的锦缎。

明清时期，云锦主要服务于宫廷，皇帝龙袍、皇后霞帔、嫔妃的礼服，以及宫廷中坐垫、椅靠、帷幔等装饰；明清时期的显贵官员的赐服蟒袍、斗牛服、飞鱼服，以及官员补服中的标志等级差别的补子，多用云锦织成。朝廷赏赐外国君主、使节的国礼，往往也选用云锦[①]。特殊的用途，注定了云锦的尊崇地位与高贵身份，织造时不计成本，追求最贵、最好、最美的效果。

1958 年对北京十三陵的明万历皇帝定陵进行考古，出土了大量的丝织品，其中云锦袍料、匹料有 170 多件，此外还有用云锦织成的龙袍、朝服，主要来源于当时南京的内织染局。万历皇帝的孔雀羽妆花纱龙袍料，长 17 米，宽 0.7 米，在轻、薄、透的绛色蚕丝地上，织有四合如意云纹，其薄如蝉翼的纱罗地上用真金线、孔雀羽线（从孔雀身上拔下的羽绒捻成线）、五彩丝绒，织出云龙图案。整匹袍料，泛着七彩光泽，龙纹呈现浮雕般的突起效果，色彩绚丽夺目，仿佛红光缠绕的彩霞，美不胜收[②]。

三、云锦的工艺特色

南京云锦图案丰富，构图大气，花形硕大，线条圆润。用色大胆浓艳，对比强烈，逐花异色，色韵过渡，配色自由，并且大量用金，大面积显金，呈现金碧辉煌、富贵高雅的格调。

云锦工艺美术大师徐仲杰指出："云锦区别于其它地区锦缎，除了表现在图案花纹、色彩装饰方面的特色以外，一个极其重要的特点是大量用金（捻金、缕金，也包括缕银和银线）[1]。"

除了大量采用金银线外，南京云锦艺人创造了通经断纬的"妆花"织造新技法，织造出加金妆彩的"妆花"锦缎。妆花是明代锦缎中艺术成就最高的提花丝织物[2]。

明代社会纺织业尚没有后世的造假坊，也不会以假乱真玩噱头，"织金"服饰只能用真金、真银线织入，不会是假金线、假银线。

图 21-5 明代五彩金蟒纹锦妆花缎

妆花织物有加织金线的，也有不加织金线的。妆花织物的特点是用色多，色彩变化丰富。在织造方法上，用绕有各种不同颜色的彩绒纬管，对织料上的花纹作局部的盘织妆彩，配色自由，没有限制。一件妆花织物，花纹配色可多达十几色乃至二三十色。

人们的日常生活以铜钱、银子结算，金子的价值远高于银子，那么，真金、真银线用在服饰上，成本很高，岂是普通官宦人家用得起的？

---

① 徐仲杰：《南京云锦》，第 4 页，南京出版社，2002 年。
② 同上。

图 21-6　明代五谷丰登纹妆花缎

妆花是织造技法的总称，始见于明代《天水冰山录》。这是云锦织造中一种特殊的服饰织造方法，也是云锦织造工艺中最复杂的品种。严嵩被抄家时，抄出大量丝织物，有许多妆花类的物品，如妆花缎、妆花罗、妆花纱、妆花绢、妆花锦等。

　　明代的锦缎配色重活色效果，色彩悦目，金钱略粗，金线色泽泛赤色；清代配色重色晕，花纹深浅变化有层次，金线略细，色泽金黄。清代云锦擅长将两色金钱或四色金线交织在一匹彩锦中，形成富丽辉煌的装饰效果[①]。

　　南京云锦的色彩极为丰富，清末以后，民间云锦织造业将常用的色彩分为三个系列，数十种，具体分为：

<hr>

①　徐仲杰：《南京云锦》，第 160 页，南京出版社，2002 年。

图 21-7 大凤莲妆花缎

妆花织物的特点是用色多，色彩变化丰富，而均能处理得繁而不乱，统一和谐。

赤色和橙色系统有：大红、正红、朱红、银红、水红、粉红、美人脸、南红、桃红、柿红、妃红、印红、蜜红、豆灰、珊瑚、红酱。

黄色和绿色系列有：正黄、明黄、槐黄、金黄、葵黄、杏黄、鹅黄、沉香、香色、古铜、栗壳、鼻烟、藏驼、广绿、油绿、芽绿、松绿、果绿、墨绿、秋香。

青色和紫色系列有：海蓝、宝蓝、品蓝、翠蓝、孔雀蓝、藏青、蟹青、石青、古月、正月、皎月、湖色、铁灰、银灰、鸽灰、葡灰、藕灰、青莲、紫酱、芦酱、枣酱、京酱、墨酱[1]。

---

[1] 徐仲杰：《南京云锦》，第 80 页，南京出版社，2002 年。

因为有了如此丰富的颜色，又加入金银线，使得云锦在色彩搭配上非常丰富，也营造出了云锦色彩绚丽、富丽堂皇的风格，说云锦灿若天上的云彩，不是夸张，而是实情。

四、云锦的品种

云锦具有很强的地域性特点，南京的织锦才属于云锦的范畴。云锦也不是单一的品种，而是一个系列品种。元代的织金锦，明代的妆花缎，清代的金宝地、库锦库缎，民国的芙蓉妆，建国后的金银妆，都属于云锦[①]。

云锦的品种主要有妆花、织金、库缎、天花锦、芙蓉妆等。

妆花是云锦中织造工艺最复杂、最有代表性的品种之一。妆花最大的特点就是通经断纬，在织造中束综分色提花，小纬管局部挖花盘织工艺，简称妆织。

图 21-8　童子攀枝莲妆花缎

云锦织造具有手工操作独特的随意性和临场再创造性。织工可以自己的经验，织造不同的色彩，达到"逐花异色"的效果。这幅童子攀枝妆花缎是典型的"逐花异色"，每位童子的造型一样，其色彩则不一样，其他丝织品很难达到异色效果。

---

① 　戴健：《南京云锦》，第 45 页，苏州大学出版社，2009 年。

图 21-9　清康熙帝朝服像

云锦工艺朝服，做工考究。康熙时对在江南的江宁、苏州、杭州的三个织造府，进行事务分工，负责皇宫纺织品的制作、采购。江宁织造府负责云锦的督办，由曹雪芹家族祖孙三代执掌65年。

妆花缎是在缎地上织出五彩缤纷的彩色花纹，色彩丰富，配色多样。徐仲杰《南京云锦》说：妆花缎的用途，明代以前多用做冬季的服装、帐子、帷幔和佛经经面的装潢等，一般是织成匹料剪裁使用。但是明清两代的妆花织品，很多是以"织成"形式设计和织造的，如龙袍、蟒袍、桌围、椅披、伞盖，乃至巨幅的彩织佛像等[1]。妆花织物的配色特点是逐花异色，用色丰富，色彩对比大。其中以圆金线织满地，在满金地上织出五彩缤纷、金辉辉煌的图案花纹，显出出富丽堂皇效果的一种妆花工艺叫金宝地。金宝地具有多彩显花、大面积显金的特殊效果。

　　织金又名库锦、库金，因织料上的花纹全部用金线织出而得名。用银线织成的则称为库银。库金、库银属于同一品种，

――――――――――――

[1]　徐仲杰：《南京云锦》，第37页，南京出版社，2002年。

统称为织金。"明清两代江宁官办织局生产的织金，金银线都是真金、真银制成①。"库锦主要用于镶滚衣边、帽边、裙边和垫边等处，多采用花纹单位较小的小花纹样。彩库锦用色虽然不如妆花，但织品效果甚为精美悦目。彩库锦也用于制作囊袋、锦匣、枕垫和装帧。

库缎，又名花缎，因织成之后送入内务府的缎匹库而得名，包括起本色花库缎、地花两色库缎、妆金库缎、金银点库缎和妆彩库缎等品种。库缎是衣料，织造时按照衣服固定样式，把花纹设计到前胸、后背、肩部等位置，织成成件衣料。制作时，按照样式剪裁，缝合成衣。

天华锦，又名八大晕或八答晕，质地厚实平挺，多用圆形、方形、菱形、六角形、八角形图案，填以回纹、万字纹、曲水纹、连线纹等小锦纹，装饰性较强。色彩丰富，风格典雅。

芙蓉妆，虽然名称中含有"妆"字，但是没有采用挖花盘织工艺，而是纹纬与地纬一样通梭织造。在图案方面，具有妆花大花纹的特点，然而配色方面不如妆花与金宝地复杂、丰富，其特点是艳而不繁、明快单纯，织物的风格接近织锦缎②。

五、《红楼梦》中的云锦

云锦是南京的特色丝织品，具有深厚文化底蕴，与浓厚地方特色的丝织品。在以南京为文化背景之一的中国古典名著《红楼梦》中，也有云锦的痕迹。南京大学吴新雷教授说："南

① 徐仲杰：《南京云锦史》，第123页，江苏科学技术出版社，1985年。
② 戴健：《南京云锦》，第44页，苏州大学出版社，2009年。

图 21-10 清代文官一品仙鹤补子

明清时期的官员补服制度，规定文官绣禽，武官绣兽图案，以不同的图案表示不同的官秩，其中文官一品补子绣仙鹤。

图 21-11 清代云凤灯笼纹妆花缎

云锦图案中有花卉、灯笼、动物等，花卉造型根据主题表现和装饰变化的需要，采用添加的方法使其寓意化。

京云锦在历史上与曹雪芹创作的《红楼梦》有着内在的联系，因为作者曹雪芹是南京人，而且恰恰就出身于江宁织造的簪缨世家。他以南京曹氏家族的生活形态作为创作素材，在小说中描写了有关云锦的织造服饰[1]。"

南京的云锦，在《红楼梦》中有大量的记录，如第 15 回："宝玉举目见北静王世荣头上戴着净白簪缨银翅王帽，穿着江牙海水五爪龙白蟒袍，系着碧玉红鞓带……见宝玉戴着束发银冠，勒着双龙出海抹额，穿着白蟒箭袖，围着攒珠银带。"这种江牙海水五爪龙白蟒袍就是用云锦蟒袍料制成的。

此外，还有大红蟒狐腋箭袖、大红金钱蟒引枕、秋香色金钱蟒大条褥、二色金百蝶穿花大红箭袖、靠色三镶领袖秋香

---

① 张道一：《南京云锦》，第 9 页，译林出版社，2012 年。

图 21-12　清代石青云龙妆花缎袍料肩部

为皇室成员制作服饰的云锦料，是按照服饰的图案织成一块整匹料，按照图案裁剪、拼接成服饰。

色盘金五色绣龙窄褃小袖掩衿银鼠短袄等。二色金就是二色金库锦，库锦是云锦的一个品种；金钱蟒是用金线制成的蟒纹图案的蟒袍料，属于织金锦，也是云锦的一个品种。王夫人耳房内使用的大红金钱蟒靠背、石青金钱蟒引枕，都是用蟒纹的织金锦做成的靠背、引枕。

　　云锦在《红楼梦》中的出现，不仅交代了云锦与南京的关系，而且反映出曹雪芹家族锦衣玉食的奢华生活，以及云锦在清代宫廷、高官显贵中的运用程度。而从文学描写的角度考虑，云锦的富丽堂皇的色彩与故事情节的发展也形成了一种色彩之美、艳丽之美。第 49 回描写，皑皑白雪中呈现出一派繁花似锦的景象。鲜艳夺目的红色，将美人的粉脸映衬得更加红润，这简直就是一幅色彩艳丽的美人赏雪图，我们可以感受到她们的欢笑和色彩的绚丽。云锦的锦绣之气，富贵奢华的格调，也得到了展示。

图 21–13　清代红地折枝牡丹纹闪缎（清宫旧藏）闪缎即地花两色库缎，是在一种色经上用另一种色差较大的色纬，织出花纹，地花两色衬托，地亮花艳，对比效果强烈。闪缎以官办织造局生产得多，民间机坊生产得很少，通常有订货才织造。

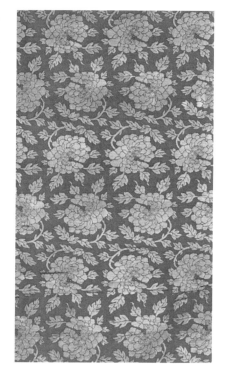

　　南京云锦是世界丝绸史上东方的瑰宝，其灿若云霞的美丽，在丝织品中具有独特的魅力。传承有序的织造技法，独特的织造工艺，曾经是中国古代织锦传统工艺的高峰。

　　由于纯手工操作，制作成本昂贵，制作工艺复杂，加上封建帝制退出中国历史舞台，云锦失去了它最大的客户，失去了繁盛时期的景象。起绞妆花纱织物自清代中后期就很少生产，传统的手工织制妆花绞纱工艺一度消失。但是云锦绚丽的色彩，独特的工艺，仍然吸引着后人，我们见到过若干件数百年前出品的云锦匹料和皇帝龙袍，虽然经历了岁月的沧桑，其色彩依然鲜艳，金线如新，光彩依旧，美若云霞。

云锦是南京的，云锦是中国的，是中华民族的艺术瑰宝。20 世纪 80 年代，南京云锦研究所历经十年探索，终于恢复了传统的妆花绞纱织造工艺①，复制了明万历皇帝的龙袍以及琉球国龙袍等一批云锦服饰、袍料，展示出中国丝织艺人聪明才智与高超的技艺。

2009 年云锦申遗成功，标志着南京云锦走向了世界。南京云锦不再只属于南京，只属于中国，而是属于世界，属于全人类。

我们为云锦诞生在南京而骄傲，为云锦再现辉煌而欢欣鼓舞。灿如云霞，美轮美奂，这就是南京云锦。

---

① 戴健：《南京云锦》，第 33 页，苏州大学出版社，2009 年。

第二十二章 补子花翎显官威

——清代官服与黄马褂

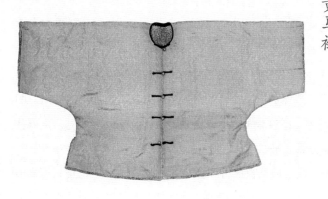

清朝崛起于东北的黑山白水之间，明万历四十四年（1616）努尔哈赤称汗，定国号金（世称后金），年号天命。明崇祯九年（1636），努尔哈赤之子皇太极改国号为"大清"。崇祯十七年（1644）三月，李自成率领农民军攻入京师，崇祯皇帝在煤山（今景山）上吊自缢，大明王朝覆灭。同年五月，清兵进入山海关，攻占北京，定都北京。

清代满族虽与汉族交融，但是文化却与汉族有别。在统治中原大地之后，渐渐与汉族传统文化融合，但是服饰却与汉族传统服饰明显不同，马蹄袖、大拉翅是清代服饰的特色，不过，在服饰时尚的流行中，也吸纳了汉族服饰的风格。

一、清代补服制度

清兵入关后，在中原地区强制推行剃发令，即让汉族人按照满族风俗，把前颅的头发剃掉，剩余的头发编成辫子，表示满人对汉民族的征服。有很多汉人抵制剃发令，因此被清兵砍掉脑袋，当时有"留发不留头，留头不留发"之说。对于满人野蛮、残酷的剃发令，在清廷为官的汉人也提出过疑问，顺治十一年（1654）大学士陈名夏曾说："要天下太平，止依我一二事立就太平，……止须留头发，复衣冠，天下即太平矣。"但是陈名夏的质疑被视为反清，立即被清廷处死[1]。清兵用武力打败了朱明政权，清政府通过服饰规定来统辖中原汉族人民的精神与肉体。包括此前天命八年（1623）为诸大臣、贝勒、侍卫、随从及平常百姓规定了帽顶制度，天聪六年（1632）规定了服

---

① 周锡保：《中国古代服饰史》，第 450 页，中国戏剧出版社，1986 年。

图 22-1　两江总督于成龙补服像

于成龙，康熙朝重臣，官至两江总督，加兵部尚书、大学士等衔。以卓著政绩和廉洁刻苦的一生，深得百姓爱戴。康熙二十三年（1684）农历四月十八日于成龙去世时仅有一套官服。康熙皇帝题写"清官第一，天下第一廉吏"褒奖。

色制度[①]，这所有的规定与制度，都是为了维护清王朝的统治。

　　易服，虽然废除了明代的服饰制度，但是在某些方面仍然保留了前代的一些东西，补服即是其中之一。清代区别官品的标志甚多，有冠服（以顶珠区别）、蟒袍（以所织蟒纹、蟒爪之数区别）、马褂（以黄马褂为贵，非特赐不得服）、花翎，以及补服上补子的图案等。清代官员品级依照规定，戴不同的顶子、绣不同的补子。

　　清代的补子在纹样、标识上与明代比较是有变化的。

　　根据《清会典图·冠服》之规定：

　　皇子龙褂，色用石青，绣五爪正面金龙四团，两肩前后各一，间以五彩云。亲王补服，绣五爪金龙四团，前后正龙，两肩行龙，

---

①　周锡保：《中国古代服饰史》，第 450 页，中国戏剧出版社，1986 年。

图 22-2　清代团龙补子
清代补子形制为方形或
长方形，唯有贝子以上
皇亲的补子为圆形，绣
有团龙图案。

色用石青，凡补服的服色都如此。郡王补服，绣五爪行龙四团，前后两肩各一。贝勒补服，绣四爪正蟒二团，前后各一。贝子补服，绣四爪行蟒二团，前后各一。镇国公补服，绣四爪正蟒二方，前后各一。辅国公、和硕额附、民公、侯、伯的补服，与贝子相同。

文官一品绣仙鹤，二品绣锦鸡，三品绣孔雀，四品绣雁，五品绣白鹇，六品绣鹭鸶，七品绣鸂鶒，八品绣鹌鹑，九品绣练雀，未入流补服制同。

都御史绣獬豸，副都御史、给事中、监察御史、按察史，各道补服，制同。

武官镇国将军、郡主额附，一品，绣麒麟；辅国将军、县主额附、二品，绣狮子；奉国将军、郡君额附、一等侍卫、三品，绣豹；奉恩将军、县君额附、二等侍卫、四品，绣虎；乡君、额附三等侍卫、五品，绣熊；蓝翎侍卫、六品，绣彪；七品、八品，绣犀；九品绣海马。

神乐署有文、武生。武生袍，销金葵花，无补子；文生袍有补子。不过袍子样式与文武官补服有区别，主要是袖口。和乐生袍服，红缎为之，前后方澜，绣黄鹂，从耕农官，补服绣彩云捧日。

补子比较华丽，有闪金地蓝、绿深浅云纹，间以八宝、八吉祥的纹样。四周加片金缘如禽鸟大多白色，兽类如豹则用橙黄的豹皮色等。

清代补子尺寸比约40厘米见方的明代补子略小。"清初期约30厘米到34厘米，清中期至清晚期约25厘米到30厘米①。"

清代补子的特点是用彩色绣补，大多用彩色，底子颜色很深，有绀色、黑色及深红，透饰各种彩色的花边。

补子所选取的动物题材，在这点上与帝王礼服上的十二章图案有所不同。清代的彩绣补子，丹顶鹤的周围绣有红日、蝙蝠、山石、海水，使丹顶鹤头上的那一点红色显得越发鲜艳夺目，尾羽以金线镶边，显得更加绚丽多彩。清代补子的规律：补子上的禽类都取其展开双翅，引颈欲歌，单腿立于山石之上的统一模式，从整个构图上看，下方是海水，称为"海水江牙"，其上散布着满地云纹。形象的高度图案化，更增强了标志性的作用，也可以说是趋向符号化②。

清朝补子缝在对襟褂子上，前片在中间剖开，分成两个半块。明代补子除风宪官、二品锦鸡谱、三品孔雀谱外，文官补子多织绣一双禽鸟，而清朝的补子全绣单只。明代补子施于常服上，清代则施之于补服上③。

清代补子在等级区别上较明代更为严格。清律规定：皇帝、

---

① 臧诺：《清代官补》，第15页，华夏出版社，2016年。
② 华梅、李劲松：《服饰与阶层》，第68页，中国时代经济出版社，2010年。
③ 黄强：《中国服饰画史》，第146页，百花文艺出版社，2007年。

图 22-3　清代文官四品云雁补子

云雁寓意为四品官员能像云雁一样不失其节。

皇子、亲王、郡王、贝勒、贝子皆为圆补，其他文武官员皆用方补。

补服是明清时期官员的主要官服，补服也是中国服饰发展史上最具代表性的官服。补服前胸后背的补子，作为中国古代独有的一种官阶等级标志，不仅具有"别上下、明尊卑"的功能，更主要的是传递了中国古代社会"君之威，臣之重，民之仰"的传统观念，其以图案、色彩、配饰组合成的外在的形式，又衬映了官员的威严。

二、顶戴花翎

顶戴花翎是清代官服制度中，特有的品秩级别标志之一，与补服的补子功能一样，不同的官员冠帽中的顶戴与花翎是不同的。

所谓顶戴，是指官员冠帽顶上镶嵌的各色宝石；所谓花翎，是指附戴在冠帽上的羽毛饰品。需要指出的清代官员冠帽上都

图 22-4　清代官帽中的凉帽
清代官员夏日所用官帽，称
为凉帽，其形制无檐，形如
圆锥，俗称喇叭式。材料多
为藤、竹制成。红暗花绸里，
白布面，帽顶铺红缨；帽口
缘饰石青色织金缎。上缀红
缨顶珠。

有顶戴，但不是所有官员都能戴花翎。花翎不完全代表级别，
而是一种恩荣[1]。

　　清代男子冠帽有礼帽与便帽之别。礼帽即官帽，又分为两种，
冬天戴的暖帽与夏天戴的凉帽。按照规定，每年三月，始戴凉帽，
八月换戴暖帽。帽顶中间，装有红色丝绦编成的帽纬，帽纬上
装有顶珠，颜色有红、蓝、白、金等，戴时各按品级。在顶珠
之下，另装一支两寸长短的翎管，用以安插翎枝。翎枝有花翎、
蓝翎之别。蓝翎以鹖羽为之，花翎则用孔雀毛做出[2]。

　　冠帽上镶嵌宝石，作为顶子，始于清太宗崇德元年（1636）。
清代官员冠帽上镶嵌宝石的制度，经过顺治二年（1645）、雍

① 王云英：《再添秀色——满族官民服饰》，第 84 页，辽海出版社，1997 年。
② 周汛、高春明主编：《中国衣冠服饰大辞典》，第 7 页，上海辞书出版社，
　　1996 年。

图 22-5　戴暖帽穿补服的清代官员
清代冠帽中还有冬天戴的，名为暖帽。形制为圆型，周围有一道檐边，材料多为皮制，也有呢制、缎制、布制的，视其天气变化而定。暖帽中间有红色帽纬，或以丝制等。帽子的最高部分，装有红、蓝、白、金等色顶珠。

图 22-6　江南提督张勋戴顶戴
清宣统元年（1909），张勋任江南提督，率巡防营驻守南京。清代提督全称为提督军务总兵官，负责统辖一省陆路或水路官兵，系清朝一省绿营军的最高指挥官，官阶从一品。

正五年（1727）、雍正八年（1730）三次增定和更定，最终确定下来，形成制度。

　　一品冠顶红宝石，二品冠顶红珊瑚，三品冠顶蓝宝石，四品冠顶青金石，五品冠顶水晶石，六品冠顶砗磲，七品冠顶素金，八品冠顶阴文镂花金，九品冠顶阳文镂花金。乾隆以后，冠顶采用颜色相同的玻璃代替宝石，分为透明玻璃和不透明玻璃，透明的称亮顶，不透明的称涅顶。因此，一品亮红顶，二品涅红顶，三品亮蓝顶，四品涅蓝顶，五品亮白顶，六品涅白顶，七品黄铜顶（黄铜代替了金顶）^①。

红宝石、红珊瑚的顶子，都是二品以上官员所用，他们用的顶子，俗称"红顶子"，红顶子基本上都是副省级以上的高官。

花翎是带有"目晕"（即俗称的"眼"）的孔雀翎。花翎起初并不是皇帝对臣子的肯定与赞赏，并不等于赏赐什么物品。顺治十八年（1661）采用花翎的戴法，这才有了制度。

花翎不仅是清代官员官帽上的饰物，也用于品秩的区别。分为一眼（又称单眼）、二眼（又称双眼）、三眼，其中以三眼为贵，四眼、五眼为特例。《清史稿·舆服志二》规定："凡孔雀翎，翎端三眼者，贝子戴之。二眼者，镇国公、辅国公、和硕额驸戴之。一眼者，内大臣，一、二、三、四等侍卫，前锋、护军各统领，均得戴之。"清代将宗室爵位分为十二等，亲王、郡王、贝勒是前三等，属于皇室贵族，向例不戴花翎。贝子是清代皇室爵位中的第四等，可以戴尊贵的三眼花翎。因为文臣武将官帽上都有花翎，让向例不戴花翎的王爷们看得心痒，他们也想佩戴花翎，以此炫耀。昭梿《啸亭续录》卷一记载："乾隆中顺承勤郡王以充前锋统领，故向上乞花翎，上曰：'花翎乃贝子品制，诸王戴之反觉失制。'傅文忠代奏：'某王年幼，欲戴之以为美观。'因并赐皇次孙，今封定王者三眼翎，曰：'皆朕之孙辈，以为美观可也。'"由顺承勤郡王开先例，此后，郡王也有得皇帝赏赐戴三眼花翎的。

规定贝子以下允许戴花翎，三眼花翎通常只能贝子戴，不过如果是皇帝赏赐，也不受贝子身份的限制。亲王、郡王、贝勒、

---

① 王云英：《再添秀色——满族官民服饰》，第87页，辽海出版社，1997年。

宗室一律不许戴花翎。国公戴双眼花翎，五品以上戴单眼花翎。一、二、三、四等侍卫，官职从五品，可以戴单眼花翎。六品以下戴无眼的蓝翎，即鹖羽（鹖羽无晕，且闪蓝光，清代称之为蓝翎）[①]。

花翎虽然与官职高低有联系，但是又不像补服的补子、冠帽的顶子那么明显，主要是作为赏赐。晚清重臣李鸿章，因为办洋务有功，慈禧太后在他七十寿辰特奖赏戴三眼花翎。官员有功，奖赏顶戴花翎，如果违法乱纪、办事不力，处罚时也要夺去顶戴花翎。

三、赐服蟒袍与黄马褂

清代赐服有蟒袍与黄马褂两种，前期赐蟒袍，后期赐黄马褂。

清代对蟒袍使用较为宽松，文武官员皆可服蟒，只是根据服色与蟒数划为四等。通常用金线绣蟒。

《清会典图》规定了贝勒、文武官员蟒袍制式与绣文。福晋、命妇也得服蟒袍，命妇蟒袍等级与服补子一样，各依本官所任官职品级以分等级。清代在名称上，已经将龙与蟒划分得十分清楚，五爪为龙，四爪为蟒。但是在具体执行时，并不一定如此，原因在于蟒袍在清代应用范围甚广，大家皆服，习以为常。实际情况是，地位高的照样可以穿"五爪之蟒"，而一些贵戚也得到特赏可穿着"四爪之龙"。龙袍与蟒袍在名称上是严格区别的，龙是皇帝的化身，其他人不得僭用。于是，

---

① 王云英：《再添秀色——满族官民服饰》，第89页，辽海出版社，1997年。

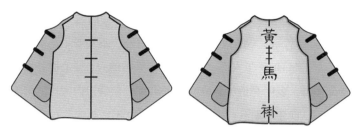

图 22-7　黄马褂示意图

黄马褂形制很简单，就是一个马褂，用明黄色，一经皇帝赏赐，身价百倍，就赋予了特别的意义。

一件五爪二角龙纹的袍服，用于皇帝，可称为龙袍，用于普通官吏，只能叫蟒袍。换言之，龙与蟒类似，用于皇帝身上的就是龙，四爪也是龙，用于大臣身上就是蟒，五爪也是蟒。皇帝若赐服于功臣，必须"挑去一爪"，如此一改，臣子所得的赐服就不能算是龙袍了。

清代赐服有黄马褂。马褂是一种短衣，形制为长不过腰，下摆开衩。马褂本为兵营士兵所穿，其袖短类似于行褂。康熙年间，富贵人家有穿马褂的，因穿着方便，逐渐为人们喜爱，不论男女，在日常生活中都喜欢穿着，这就成为一般便服。清代皇帝的马褂，正式名称叫作行褂。《皇朝礼器图》中的解释是"色用石青，长与坐齐，袖长及肘"。明黄色是皇帝的专用色，施之于马褂上，就成了黄马褂。黄马褂原本是皇帝穿的，后来赏赐给臣子，就成了赐服。

清代穿黄马褂有几种情况：

第一种行职褂子，又称职任黄马褂。清代皇帝的护卫大臣、侍卫多穿黄马褂。《清稗类钞·服饰类》记载："凡领侍卫内大臣、内大臣，前引十大臣，护军同领、侍卫班领，皆服黄马褂，巡幸扈从銮舆，借壮观瞻。其御前、乾清门大臣、侍卫及文武诸臣，或以大射中候，或以宣劳中外，必特赐之，以示宠异^①。"皇帝的护卫大臣、侍卫是皇帝亲近的人，是心腹，他们穿黄马褂，表明身份特殊，与职务有关。领侍卫内大臣、御前侍卫，一旦任职期满或被免职，黄马褂就不能再穿。这种情况穿黄马褂与职务有关，无须皇帝赏赐。

第二种赏赐褂子，属于皇帝的赏赐，与职务无关。赏赐褂子又分两种：一种是行围褂子，俗称"赏给黄马褂"，在皇帝狩猎行围时，奖赏给陪皇帝狩猎而射中目标者。能够陪同皇帝狩猎的也非等闲人物，都是皇帝身边的亲近之臣，非贵即富。这种赏赐的黄马褂只能在行围时穿，狩猎结束就要脱下收藏起来。"赏给"的意思指只能在特定环境下穿用。另一种是武功褂子，俗称"赏穿黄马褂"，就是赏赐有军功的高级将领或统兵文官。因军功赏赐的黄马褂，不受限制，任何时候出行都可以穿。"赏穿"就是允许穿戴，不受环境限制。赏穿黄马褂是清代皇帝对高级官员嘉奖的最高荣誉，重大场合穿着，显示受赏者得到皇帝的恩荣。据说，身着黄马褂，可以见官大三级，方便行事。一般说来，这种武功褂子在道光以前较少看到，大致在咸丰以后开始盛行，慈禧执掌政权后则为数较多。

黄马褂是皇帝赏赐的圣物，非常尊贵，平时供奉着，以示尊贵与荣耀，非重大场合，受赏者一般不会穿着。赏穿黄马褂只是赏赐，并不是免罪铁券、免死金牌，一旦受赏者违背皇规或犯错误时，皇帝还是会将黄马褂收回，以示惩罚。

为了在形式上有所区别，清朝中期规定，凡职任或行巡时

---

① 〔清〕徐珂：《清稗类钞》，第 6180 页，中华书局，2017 年。

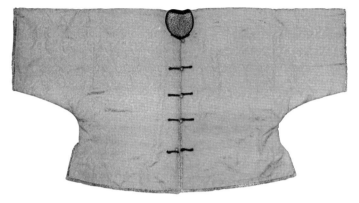

图22-8　清朝黄马褂实物（故宫博物院藏）
嘉庆时期明黄色葫芦花春绸草上霜皮马褂。

所穿的职任黄马褂、赏给黄马褂，其纽绊用黑色；而因军功赏给的黄马褂，纽绊用黄色，与赏赐的黄马褂同样颜色，以此表明黄纽扣的"赏穿黄马褂"要比用黑色纽扣的"职任黄马褂"更为难得，更为尊贵一些。

清宫剧中，我们经常看到皇帝对有功官员赏赐的桥段，皇帝说赏赐黄马褂，就有太监拿来一件明黄色的马褂给被赏赐的大臣穿上。但与清代历史中赏赐黄马褂的实际情况大相径庭。

同样是赏赐，赏赐衣物与赏赐珠宝珍玩等实物不一样。因为服饰在古代是等级的象征，不同官员穿着标有不同补子的官服，以示官秩的差别，穿上高一级别的服饰，等于身份的提升。明清时期在常规的官服之外，有赐服制度，赏赐超过其原来等级的服饰，如蟒袍中的蟒服、飞鱼服、斗牛服。因此清代赏赐黄马褂不是给一件具体的黄马褂，而是准许穿戴黄马褂的意思。朱家溍先生在《故宫退食录》纠正了时人对清代皇帝赏赐黄马褂的误解。

图22-9　穿黄马褂的左宗棠画像

左宗棠与曾国藩、李鸿章、张之洞并称为晚清中兴四大名臣。左宗棠举人出身，两度为湖南巡抚幕僚。咸丰六年（1856），因接济曾国藩部军饷之功，被任命为兵部郎中，赏戴花翎。后随同钦差大臣、两江总督曾国藩襄办军务。同治三年（1864）左宗棠率兵攻陷杭州，加太子少保衔，赐黄马褂。

　　朱家溍先生说：故宫博物院藏有很多幅皇帝穿着马褂骑马的画像，很少见皇帝穿黄马褂的。故宫博物院现在还大量保存原来四执事库里的冠袍带履。其中皇帝的马褂，则单、夹、皮、棉，大量俱全，除石青色之外，还有元青色（即纯黑）、红青色（即黑中含紫），只是没有黄色的马褂。清代皇帝赏给某人黄马褂，不需要真给某人一件马褂，只要在谕旨中宣布一下就行了。所谓赏穿就是准许穿的意思。不过赏的物件也可以包括制作黄马褂的材料。如黄江绸（道光以前叫作宁绸），就是做黄马褂用的[①]。

　　除了被赏穿黄马褂的人员之外，还有把黄马褂当作制服穿的人，如领侍卫内大臣、御前大臣、侍卫班长、护军统领、健

————————

① 朱家溍：《故宫退食录》，第458页，北京出版社，2000年。

锐营统领等，都是不需要赏赐就可以穿黄马褂的。朱先生的意思就是皇帝的禁军（警卫部队）穿黄马褂。

笔者概括朱家溍先生的述说，强调了五点：第一，皇帝衣库中没有黄马褂这一种服饰，说明皇家衣库中没有现成的黄马褂备着，等待皇帝的赏赐。第二，皇帝赏赐黄马褂，就是赏穿，允许赏赐穿戴黄马褂，就有了穿黄马褂的资格。第三，赏赐黄马褂通常赏赐一件制作黄马褂的衣料黄江绸，被赏赐者回去自己找裁缝制作黄马褂。第四，可以穿黄马褂的有两类人：被皇帝赏赐者；宫内御前当差，有一定职务、级别者。第五，赏赐与当差的黄马褂，在纽袢色泽上有微小区别。

清代很多立有军功的官员，都得到过赏穿黄马褂的恩荣，两江总督李鸿章得过皇帝赏赐的黄马褂；曾国藩的弟弟曾国荃是攻打太平军的急先锋，攻陷天京他立头功，赏赐黄马褂；庚子年荣禄为留京办事大臣，慈禧太后从西安返北京后，对其宠礼有加，赏黄马褂，赐双眼花翎、紫缰。根据《清史列传》记载，镇压太平军起义的将领，几乎都得到过黄马褂的赏赐。也可以说到了晚清时期，日薄西山的清廷需要依靠将领们为他们卖力，却又没有雄厚的经济实力来支撑，只能用成本低而空泛的荣誉来打赏。到清朝末期，赏赐黄马褂又变了味，赏赐对象不局限于有军功的战将，有时为皇帝或皇太后办事得其欢心者亦可能获得赏赐，慈禧太后便曾赏赐为其开火车的司机黄马褂一件，这恩赐的黄马褂也只剩下那么一点皇家的荣誉了。

杨伯峻编著：《春秋左传注》（修订本），北京：中华书局，2018 年。

王世舜、王翠叶译注：《尚书》，北京：中华书局，2018 年。

胡平生、陈美兰译注：《礼记·孝经》，北京：中华书局，2012 年。

陈戍国点校：《周礼·仪礼·礼记》，长沙：岳麓书社，2006 年。

何建章注释：《战国策注释》，北京：中华书局，2019 年。

〔汉〕司马迁撰，〔宋〕裴骃集解：《史记》点校本，北京：中华书局，2018 年。

〔汉〕班固撰，〔唐〕颜师古注：《汉书》点校本，北京：中华书局，2018 年。

〔唐〕房玄龄等撰：《晋书》点校本，北京：中华书局，2010 年。

〔梁〕沈约撰：《宋书》点校本，北京：中华书局，2017 年。

〔唐〕李百药撰：《北齐书》点校本，北京：中华书局，2008 年。

〔梁〕萧子显撰：《南齐书》点校本，北京：中华书局，2007 年。

〔北齐〕魏收撰：《魏书》点校本，北京：中华书局，2013年。

〔唐〕魏征等撰：《隋书》点校本，北京：中华书局，2016年。

〔后晋〕刘昫等撰：《旧唐书》点校本，北京：中华书局，2017年。

〔宋〕欧阳修、宋祁撰：《新唐书》点校本，北京：中华书局，2017年。

〔元〕脱脱等撰：《宋史》点校本，北京：中华书局，2017年。

〔清〕张廷玉等撰：《明史》点校本，北京：中华书局，2016年。

〔东晋〕葛洪著，张松辉、张景译注：《抱朴子外篇》，北京：中华书局，2013年。

〔南朝·宋〕刘义庆撰，徐震堮校笺：《世说新语校笺》，北京：中华书局，1994年。

〔唐〕杜佑撰，王文锦等点校：《通典》点校本，北京：中华书局，1992年。

〔唐〕刘肃撰，恒鹤校点：《大唐新语》，上海：上海古籍出版社，2012年。

〔五代〕马缟撰，李成甲校点：《中华古今注》，沈阳：辽宁教育出版社，1998年。

〔宋〕陶穀撰，孔一校点：《清异录》，上海：上海古籍出版社，2019年。

〔宋〕王溥撰：《唐会要》，北京：中华书局，2017年。

〔宋〕沈括撰，金良年点校：《梦溪笔谈》，北京：中华书局，2015年。

〔宋〕陆游撰，杨立英校注：《老学庵笔记》，西安：三秦出版社，2003年。

〔宋〕孟元老著，王永宽注译：《东京梦华录》，郑州：中州古籍出版社，2018年。

〔宋〕周密撰，李小龙、赵锐评注：《武林旧事》插图本，北京：中华书局，2007年。

〔元〕陶宗仪等编：《说郛三种》，上海：上海古籍出版社，1988年。

〔明〕王圻、王思义编集：《三才图会》，上海：上海古籍出版社，1993年。

〔明〕顾起元撰，吴福林点校：《客座赘语》，南京：南京出版社，2009年。

〔明〕沈德符撰：《万历野获编》，北京：中华书局，1997年。

〔明〕李渔：《闲情偶寄》，北京：作家出版社，1995年。

〔明〕郎瑛著，安越点校：《七修类稿》，北京：文化艺术出版社，1998年。

〔明〕刘若愚：《酌中志》，北京：北京古籍出版社，2001年。

〔明〕田艺蘅撰，朱碧莲点校：《留青日札》，上海：上海古籍出版社，1992年。

〔清〕叶梦珠撰，来新夏点校：《阅世编》，北京：中华书局，2007年。

马银琴译注：《搜神记》，北京：中华书局，2012年。

〔清〕徐珂：《清稗类钞》，北京：中华书局，2017年。

〔清〕顾炎武著，黄汝成集释：《日知录集释》，郑州：中州古籍出版社，1990年。

〔清〕赵翼撰，曹光甫校点：《陔余丛考》，上海：上海古籍出版社，2012年。

中华书局编：《清会典图》，北京：中华书局，1990年。

王三聘辑：《古今事物考》，上海：上海书店，1987年。

杨荫深：《细说万物由来·衣冠服饰》，北京：九州出版社，2005年。

严勇、房宏俊、殷安妮编：《清宫服饰图典》，北京：紫禁城出版社，2010年。

周锡保：《中国古代服饰史》，北京：中国戏剧出版社，1986年。

沈从文：《中国古代服饰研究》（增订本），上海：上海书店出版社，1997年。

黄能馥、陈娟娟：《中国服装史》，北京：中国旅游出版社，1995年。

周汛、高春明撰文：《中国历代服饰》，上海：学林出版社，1994年。

周汛、高春明：《中国衣冠服饰大辞典》，上海：上海辞书出版社，1996年。

周汛、高春明：《中国古代服饰大观》，重庆：重庆出版社，1996年。

周汛、高春明：《中国古代服饰风俗》，西安：三秦出版社，2002年。

高春明：《中国服饰名物考》，上海：上海文化出版社，2001年。

吕一飞：《胡服习俗与隋唐风韵》，北京：书目文献出版社，1994年。

赵超：《华夏衣冠五千年》，香港：中华书局（香港）有限公司，1990年。

赵超：《霓裳羽衣——古代服饰文化》，南京：江苏古籍出版社，2002年。

陈茂同：《历代衣冠服饰制》，北京：新华出版社，1993年。

徐仲杰：《南京云锦史》，南京：江苏科学技术出版社，1985年。

徐仲杰：《南京云锦》，南京：南京出版社，2002年。

王宝林：《云锦》，杭州：浙江人民出版社，2008年。

戴健：《南京云锦》，苏州：苏州大学出版社，2009年。

张道一：《南京云锦》，南京：译林出版社，2012年。

高汉玉、屠恒贤主编：《衣装》，上海：上海古籍出版社，1996年。

介眉编著：《昭陵唐人服饰》，西安：三秦出版社，1990年。

叶立诚：《中西服装史》，北京：中国纺织出版社，2002年。

赵联偿：《霓裳·锦衣·礼道——中国古代服饰智道透析》，南宁：广西教育出版社，1995年。

臧诺：《清代官补》，北京：华夏出版社，2016年。

王云英：《再添秀色——满族官民服饰》，沈阳：辽海出版社，1997年。

李秀莲：《中国化妆史概说》，北京：中国纺织出版社，2000年。

黄强：《中国服饰画史》，天津：百花文艺出版社，2007年。

黄强：《中国内衣史》，北京：中国纺织出版社，2008年。

黄强：《衣仪百年——近百年中国服饰风尚之变迁》，北京：文化艺术出版社，2008年。

黄强：《服饰礼仪》，南京：南京大学出版社，2015年。

黄强：《南京历代服饰》，南京：南京出版社，2016年。

黄强：《金瓶梅风物志》，北京：中国社会科学出版社，2017年。

孙机：《中国古舆服丛考》（增订本），北京：文物出版社，2001年。

孙机：《中国圣火》，沈阳：辽宁教育出版社，1996年。

杨泓、孙机《寻常的精致——文物与古代生活》，沈阳：辽宁教育出版社，1996年。

范文澜：《中国通史》，北京：人民出版社，1979年。

向达：《唐代长安与西域文明》，北京：三联书店，1987年。

李泽厚：《美的历程》，北京：文物出版社，1989年。

刘志雄、杨静荣：《龙与中国文化》，北京：人民出版社，1994年。

瞿宣颖：《中国社会史料丛钞》，上海：上海书店，1985年。

段文杰：《段文杰敦煌艺术论文集》，兰州：甘肃人民出版社，1994年。

朱家溍：《故宫退食录》，北京：北京出版社，2000年。

陈书良：《六朝如梦鸟空啼》，长沙：岳麓书社，2000年。

郭兴文：《中国传统婚姻风俗》，西安：陕西人民出版社，2002年。

田苗：《女性物事与宋词》，北京：人民出版社，2008年。

黄强：《中国古代崇尚颜色略说》，刊《江苏教育学院学报》1993年第2期。

黄强：《王昭君和亲史实辨误》，刊《江苏教育学院学报》1996年第1期。

黄强：《汉代的冠》，刊《寻根》1996年第5期，转刊于《新华文摘》1997年第2期。

黄强：《百年结婚照》上篇，刊《人像摄影》2001年第3期。

黄强：《百年经典　世纪情缘——百年结婚照片回眸》，刊《社团之友》2001年第1期。

黄强：《六朝发型亦时尚》，刊《南京日报》2010年5月24日A9版。

后记

　　写服饰史书稿不是第一次，但是确定以"服饰与时尚"为主题，则对我是又一次考验。

　　服饰与时尚始终是相随相伴、形影不离的。服饰包括服装与妆饰，自然是时尚潮流，表现时代的审美；时尚的主体就是服饰。说时尚少不了说服装妆容，哪个时代的服饰不体现时代的特征呢？

　　服饰与时尚是如此紧密不可分的关系，但是以前中国服饰史专题，往往侧重服饰的流变，谈历史的归属多，而忽略服饰的时尚及其流变，说服饰的形式美少。本书则将服饰与时尚联系起来，因为一部中国服饰史实则也是中国时尚史、时尚流变史。

　　叔孙通制定汉代礼仪，并不只是为了在宫廷上演一场服饰时尚秀，用绚丽的服饰迷惑那些文臣武将，也不是为了让亭长出身的汉高祖身边的侍女升级，而是通过服饰展示礼仪，强调礼的教化。没有规矩不成方圆，没有礼仪，不讲修礼、习礼、行礼，社会就会出现混乱。服饰礼仪就是让人们、社会按照尊卑、长幼有序的规定，遵照社会道德标准来执行。服饰固然有等级差别，但更多传递的是社会礼仪、社会秩序。服饰有等级，时尚讲审美，则做事有规矩，人际有人伦，社会有法度，时尚与服饰，服务于社会，遵循着法度，则社会昌盛，生活和谐。

　　魏晋风度，褒衣博带，既是时尚之美，又是审美情趣的折射。

魏晋时期人们追求个性的解放，"越名教而任自然"，寄情山水，宽衣博带，固然是他们蔑视权贵、鄙视世俗、精神奔放的最好写照，但是洒脱的背后，却也有不得已的苦衷。社会动荡，政权更替，精神苦闷，专制压抑，清谈流行，玄学盛行，服药成风，他们要让短暂的生命迸发出光彩，活得潇洒，死得洒脱，于是嵇康坦然面对生死，一曲《广陵》成绝唱。

凤冠与霞帔是服饰组成，却又与人生大事婚姻有关。凤冠与霞帔本是后宫嫔妃、命妇们使用的礼冠与礼服，却被"借用"到民俗活动中，并不只是为了讨口彩、扮美丽那么简单，光鲜的背后体现了中国服饰等级制度中人性化的一面，冰冷的制度竟然也有温度。给官员的配偶和母亲赏赐封号，穿上对等的补子，披上霞帔，其实也是表达了对家庭成员的感恩，使服饰又有了同喜、共享的意味。建功立业，治国安邦，造福百姓，何尝没有女性的奉献？中国的服饰将此意彰显出来了，大概这也是现代服饰所丧失的一个非常重要的文化内涵吧。

中国服饰是世界上体系完整、内涵深厚、寓意独特的一种文化现象，包含政治、历史、文化、科技、美学、人伦、民俗等多方面的因素，并且与政体、制度、伦理、国家紧密联系，也曾影响过历史。深衣不露，汉官威仪，褒衣博带，品官制度……都在中国历史上留下深深的烙印。

中国服饰体系庞大，历史厚重，内容繁多，本书篇幅实在无法全面展现，因此只能选择具有代表性的服饰及时尚进行介绍，希望能让读者对中国服饰的流变以及时尚演进，有一个大致的了解。

商务出好书，商务出经典。"数百年旧家无非积德，第一件好事还是读书"，读小学时，我就知道中国现代出版从商务开始，等到我有著作出版时，我就期待自己的著作有一天也能在商务出版。经过数年的努力，第 16 本著作，终于通过了商务印书馆的选题论证。感谢商务印书馆的赏识，感谢责任编辑厚艳芬编审、张鹏编辑的辛勤付出。在他们的精心编辑下，相信这本书将会以一种独特的风貌呈现给读者。

1979 年我 16 岁时，向北京大学林庚教授请教古代诗词。9 月 7 日，年已古稀的静希师（林庚先生字静希）给我回信，并勉励我："你年方十六，富于春秋，至为欣羡。"可以说我后来从事古代文化、文学研究，与静希师的鼓励有很大关系。

1988 年 6 月 9 日我去北京大学燕南园拜访静希师，他语重心长地告诫我："一个人的学术研究高峰就在 30 岁左右，30 岁左右的悟性、眼光、见解决定了一生的学术成就，并不是一定要有多少论文，多少著作，有了独特、独到的学术眼光、境界，今后的学术成就会直线上升，否则只是平行发展，不会有较大的成就。"静希师强调年轻学子要重视 30 岁前的知识积累，多读书，多思考。30 年来，我以静希师的嘱咐要求自己，用新思维思考，从新角度研究，拿新观点来论述，研习、探讨学术问题：从服饰角度考证《金瓶梅》时代背景、成书年代；从风物比对《金瓶梅》物质生活；梳理中国服饰史分支内衣史的流变；勘正影视剧借用中国传统服饰的舛误；探究购房置业经济因素对文人生活及其文学创作的影响……

我从事新闻工作多年，也潜心研究学术，钻研中国服饰史数十年。平时工作繁忙，夜间则是我研读的最佳时候。一路走来，非常艰辛，但是我执着追求，从未退缩，十几本著作的出版就是最高奖赏。多少个日月，我秉烛夜读；牺牲多少睡眠，说也说不清楚。《周易·谦卦》说："劳谦，君子有终，吉。"

我为书斋取名劳谦室，除了勉励自己谦虚谨慎，戒骄戒躁，保持美德之外，还含有勤勉劳作、永不停息的意思。努力了，就会有结果，我坚信不疑。

"夜来风叶已鸣廊，看取眉头鬓上。"白驹过隙，不觉自己已到知命之年，鬓角早生华发。"自古逢秋悲寂寥，我言秋日胜春朝。晴空一鹤排云上，便引诗情到碧霄。"刘禹锡的诗正合我此时的心情，秋天不是悲凉，秋天是果实累累的收获季节。莫负春光，春天忙播种；莫负秋日，秋天才会有收成。

黄强（不息）
二〇一八年十月三十日
凌晨于劳谦室